AF394932

LA THÉORIE

DES

VALENCES FRACTIONNÉES

SES APPLICATIONS

A L'ATOMICITÉ ABSOLUE DES ÉLÉMENTS, A LA CONSTITUTION
CHIMIQUE DES CORPS ET A LA COHÉSION

PAR

Le Docteur A. FREBAULT

PROFESSEUR DE CHIMIE ET DE TOXICOLOGIE
A LA FACULTÉ DE MÉDECINE ET DE PHARMACIE DE L'UNIVERSITÉ DE TOULOUSE
PROFESSEUR HONORAIRE DE PHYSIQUE
A L'ÉCOLE DES BEAUX-ARTS ET DES SCIENCES INDUSTRIELLES
OFFICIER DE L'INSTRUCTION PUBLIQUE

TOURS

IMPRIMERIE PAUL BOUSREZ

—

1900

LA THÉORIE

DES

VALENCES FRACTIONNÉES

LA THÉORIE

DES

VALENCES FRACTIONNÉES

SES APPLICATIONS

A L'ATOMICITÉ ABSOLUE DES ÉLÉMENTS, A LA CONSTITUTION
CHIMIQUE DES CORPS ET A LA COHÉSION

PAR

Le Docteur A. FREBAULT

PROFESSEUR DE CHIMIE ET DE TOXICOLOGIE
A LA FACULTÉ DE MÉDECINE ET DE PHARMACIE DE L'UNIVERSITÉ DE TOULOUSE
PROFESSEUR HONORAIRE DE PHYSIQUE
A L'ÉCOLE DES BEAUX-ARTS ET DES SCIENCES INDUSTRIELLES
OFFICIER DE L'INSTRUCTION PUBLIQUE

TOURS

IMPRIMERIE PAUL BOUSREZ

1900

AVANT-PROPOS

Malgré les recherches dés savants, la constitution chimique des corps reste toujours problématique, et les théories émises sur ce point ne sauraient échapper à la fragilité inhérente aux conceptions humaines, en général, quelles qu'elles soient. Inscrire le mot *dogme* au frontispice de l'une quelconque d'entre elles, serait d'une sotte prétention ; par contre, se retrancher en pareille matière derrière un scepticisme absolu, ne serait pas moins ridicule. Dans les sciences, on ne peut se contenter d'inscrire les faits ; il faut encore les classer, les commenter, les interpréter, les expliquer, les prévoir, si possible : c'est là précisément le rôle essentiel des théories ; celles-ci sont donc indispensables, si imparfaites soient-elles.

En chimie, la théorie atomique et la notion de l'atomicité, qui s'y rattache, ont rallié la grande majorité des savants. Entre autres choses, elles ont permis d'établir la structure des molécules sur un plan ; mieux que cela, elles ont conduit, grâce aux travaux de MM. Le Bel et Van'tHoff, à la détermination de la forme architecturale dans l'espace d'un certain nombre de ces édifices, et c'est là, sans contredit, un des plus beaux succès de la science moderne. Hypothèses que de telles formules de constitution, dira-t-on. Soit; mais si ces hypothèses ainsi que les conséquences qui en découlent s'accordent avec tous les faits connus jusqu'ici, il n'y aura rien à objecter, et si, de plus, les principes théoriques sur lesquels on s'appuie sont susceptibles d'une application générale, ils pourront être considérés comme admissibles et suffisants. La première partie de ces conditions paraît assez bien remplie ; quant à la seconde, il est certain qu'il n'en était pas ainsi jusqu'à ces dernières années. Il est, en effet, des phénomènes assez vulgaires, tels que la formation des combinaisons soi-disant « *moléculaires* » et la fixation de l'eau de cristallisation sur les sels, en présence desquels la théorie se trouvait entièrement désarmée et qui, par suite, ont longtemps déconcerté les chimistes. C'était là une véritable impasse pour la belle conception de l'atomicité, qui se montrait pourtant si féconde par ailleurs. Aujourd'hui, hâtons-nous de le dire, les difficultés que l'on éprouvait naguère à interpréter la constitution des composés sus-dits, ont heureusement disparu, et cela, par l'application d'une idée nouvelle, aussi simple qu'ingénieuse, celle des *valences fractionnées*, idée qui est devenue une *théorie*, dont l'étude fait l'objet de cet opuscule. L'importance de cette théorie ne peut être contestée; le nom seul de l'un de ses auteurs, Schützenberger, suffit d'ailleurs à lui assurer le droit de cité dans la science, et cependant elle ne paraît pas avoir attiré l'attention des chimistes autant qu'elle le mérite. Seul, jusqu'à présent, M. le docteur Maurizot lui a consacré un Mémoire fort intéressant, auquel nous nous plaisons à rendre hommage, ne serait-ce qu'en raison de l'originalité des idées qu'il contient. On verra, dans notre étude, que si, à certains égards, nous partageons l'opinion de l'auteur, il est, en revanche, des points essentiels sur lesquels nous différons absolument. D'autre part, nous n'avons pas cru devoir le suivre dans ses considérations sur l'état électrique des dernières particules (atomes et sous-atomes), tout ce qu'on peut dire à ce sujet étant par trop conjectural. Quant à nos idées personnelles, elles se dégagent assez nettement, croyons-nous, de l'ensemble de ce travail, sans qu'il soit nécessaire d'y insister ici. Un simple mot en terminant. L'application, que nous avons faite de la théorie des valences fractionnées à la constitution des corps, pourra paraître un peu forcée; qu'il nous soit donc permis, à ce point de vue, d'appeler plus particulièrement l'attention du lecteur sur les réflexions que nous avons développées à propos de la forme stéréochimique du méthane et de certains composés de l'azote.

ERRATA

Page 9, 15° ligne, au lieu de : figures schématiques, *lisez :* formules schématiques.

Page 20, 10° ligne, au lieu de : s'exerce, *lisez :* s'exercent.

Page 20, 15° ligne, au lieu de : s'applique, *lisez :* s'appliquent.

Page 28, note (1), au lieu de : fondé, *lisez :* fondée.

Page 39, 17° ligne, au lieu de : trè, *lisez :* très.

Page 56, à droite de la figure, au lieu de (4), *lisez :* (1).

Page 69, 9° et 10° lignes, au lieu de : la loi générale qui régit les combinaisons, *lisez :* la loi générale qui régit la puissance de combinaison des éléments.

LA THÉORIE

DES

VALENCES FRACTIONNÉES

I

On sait que deux sels saturés, tels que le sulfate de sodium et le sulfate de zinc, par exemple, peuvent s'unir pour donner un sel double. Ce phénomène, si simple en apparence, n'en a pas moins fort embarrassé les chimistes, quand il s'est agi d'en donner une explication rationnelle. Comment se rendre compte, en effet, de la manière dont deux molécules complètes se rivent l'une à l'autre pour ne former qu'un tout? — On ne saisit pas en vertu de quel principe, de quelle attraction, de quelle affinité, une pareille union peut se produire, et l'on est amené à reconnaître que les faits de cette nature passent par-dessus la théorie des liens atomiques, telle qu'on l'a conçue jusqu'ici. Cette notion de la valence, qui permet d'interpréter si merveilleusement les phénomènes nombreux et variés de la chimie organique, serait-elle donc frappée d'impuissance, quand il s'agit d'une application aux composés métalliques d'un ordre un peu élevé, comme les sulfates doubles de la série magnésienne ou d'autres sels doubles?

Répondons immédiatement à la question ainsi posée. Non, la théorie de l'atomicité ou valence n'est point en défaut dans les cas précités; il faut seulement l'appliquer d'une manière plus large qu'elle ne l'est d'ordinaire. C'est ce qu'a fait, dès 1881, M. William Burham, dans sa *Théorie des valences fractionnées* (1), théorie émise également, onze ans plus tard, en 1892, par Schützenberger, professeur au Collège de France, qui n'avait pas eu connaissance de la publication du chimiste écossais. Ces deux savants se sont rencontrés dans une même pensée d'une façon fortuite et tout à fait indépendante.

Exposons donc la théorie en question; nous verrons ensuite si elle est susceptible de recevoir encore plus d'extension et dans quelles limites il convient de l'appliquer.

Rappelons d'abord que la *valence* ou *atomicité* est cette propriété particulière dont jouissent les atomes des éléments de s'unir à d'autres atomes, à des degrés divers, pour former des combinaisons saturées. C'est un rapport de saturation mutuelle des atomes les uns par les autres. Cette capacité inégale de saturation, de combinaison, cette valence, en un mot, se mesure par le nombre d'atomes d'hydrogène ou d'un élément analogue qu'un corps simple donné est capable de fixer ou de remplacer. Quand on dit qu'un élément est *monovalent, bivalent, trivalent,* etc., on entend exprimer par là que l'atome de ce corps équivaut, au point de vue de la saturation, à 1, 2, 3, etc. atomes d'hydrogène, de chlore ou de sodium.

L'*atomicité* ou *valence* mesure donc la véritable *équivalence* des atomes, puisque c'est elle qui fixe le rapport dans lequel les atomes des éléments sont aptes à s'unir pour donner des combinaisons saturées, ou à se remplacer mutuellement dans les molécules sans changer leur état de saturation initial.

Ceci posé, rien n'empêche d'admettre que les *valences*

(1) Communication faite, en juin 1881, à la *Société royale d'Edimbourg.*

propres à chaque corps simple puissent se laisser partager en fractions d'unité. Il n'est pas indispensable *qu'une valence,* appartenant à un élément donné, soit nécessairement, et forcément saturée par *une autre valence,* provenant d'un élément voisin, ce que la théorie de l'atomicité supposait jusqu'à présent; elle pourra tout aussi bien être saturée par des *fractions de valence* émanant de deux éléments voisins, par exemple, qui, à cet effet, émettront chacun, soit une *demi-valence,* soit encore, le premier, *trois quarts de valence,* et le second, *un quart de valence* seulement. Il n'y a aucune raison, ni mathématique, ni chimique, qui s'oppose à ce que l'on envisage cette force spéciale d'attraction, la valence, comme susceptible de se diviser en parties plus petites que l'unité. Il va sans dire que, dans ces conditions, un composé quelconque de valence n, provenant d'un atome ou d'un groupe d'atomes constitutifs, réclamerait toujours, pour la saturation, n valences d'un autre atome ou d'un groupe d'atomes. En d'autres termes, pour amener à l'état d'équilibre stable un corps dont la somme des fractions de valence est égale à n unités, il faudra toujours le saturer par des valences ou des fractions de valence dont la somme s'élèvera elle-même à n unités.

Cette hypothèse, parfaitement licite, permet d'expliquer aisément la possibilité d'existence de quantités de corps dont les idées courantes sur l'atomicité sont incapables d'établir la constitution, à moins d'avoir recours à de nouvelles hypothèses que rien ne vient justifier, comme celles du développement subit d'*atomicités supplémentaires* ou des *combinaisons moléculaires.*

Voici un exemple qui fera mieux saisir l'esprit de cette théorie des valences fractionnées :

Considérons le *tétrachlorure de platine* $PtCl^4$. C'est un corps saturé; on doit, en effet, envisager cette molécule comme complète, l'atome de platine y ayant ses valences satisfaites. Et cependant $PtCl^4$ peut encore s'unir à deux molécules de chlorure de potassium 2KCl (KCl étant aussi une molécule saturée), pour former un sel double cristallisé, le *chloroplatinate de potassium* $PtCl^6K^2$, corps assez stable, auquel correspond l'*acide chloroplatinique* $PtCl^6H^2$, obtenu par R. Weber.

Le platine est manifestement tétravalent, le chlore et le potassium sont monovalents ; d'où il suit que si la théorie ordinaire de la valence est exacte $PtCl^4$ et KCl, qui sont des corps saturés, doivent être incapables de fixer respectivement par addition de nouveaux éléments ou groupes d'éléments. Pourtant, comme on vient de le voir, $PtCl^4$ s'unit à 2KCl.

Pour expliquer ce fait, on a invoqué successivement les raisons suivantes : C'est une *combinaison moléculaire*, a-t-on dit d'abord, c'est-à-dire une combinaison de molécules ayant lieu par une sorte d'affinité ; puis on a eu recours au développement de *quatre atomicités supplémentaires* du platine qui deviendrait *octovalent* dans le sel double considéré.

« Ce sont là, dit Schützenberger, autant de mots vides de sens, inventés pour masquer notre détresse ou notre ignorance auprès de gens plus ignorants que nous. C'est le jargon du médecin malgré lui. »

La théorie des valences fractionnées permet, au contraire, de construire très rationnellement une molécule parfaitement symétrique de chloroplatinate de potassium :

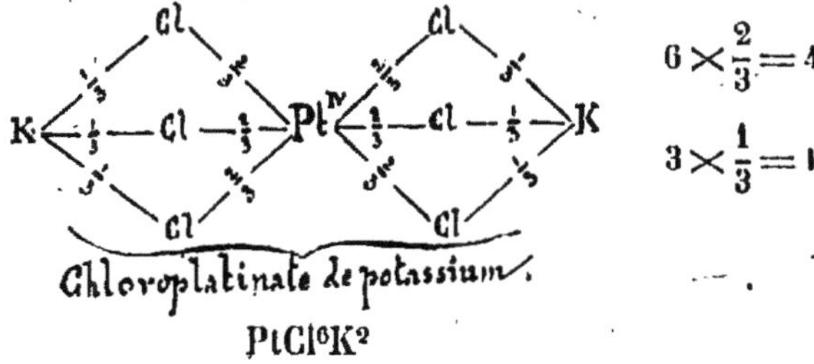

Chloroplatinate de potassium.

$PtCl^6K^2$

— 9 —

On voit que, dans cette formule, les affinités respectives des éléments constitutifs sont observées, la loi de saturation réciproque des atomes y est scrupuleusement respectée et qu'enfin, tout se tient et s'enchaîne de manière à former un édifice moléculaire parfait.

On trouvera dans le *Traité de Chimie générale* de Schützenberger (T. VII) beaucoup d'autres exemples de sels doubles, la plupart empruntés à la chimie minérale, formulés d'après la théorie du fractionnement des valences. Nous nous contenterons donc d'ajouter ici la formule que nous avons établie pour le quadroxalate de potassium $C^2O^4KH.C^2O^4H^2$, que l'on a considéré jusqu'ici comme une combinaison moléculaire :

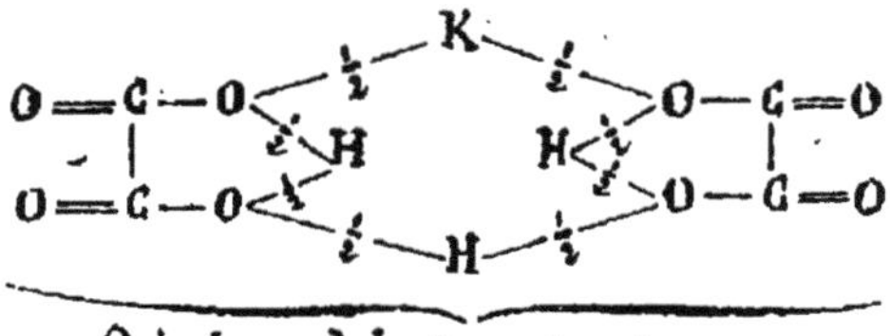

Quadroxalate de potassium.
$$C^2O^4KH.C^2O^4H^2.$$

Tous les sels doubles, quels qu'ils soient, pourront être ainsi représentés par des figures schématiques indiquant une structure homogène des molécules et qui seront très correctes, si l'on a eu soin de tenir compte des affinités mutuelles que présentent les éléments ou les groupes d'éléments constitutifs et de répartir, d'après la loi de saturation, les valences convenablement fractionnées.

La fixation de l'eau de cristallisation sur les sels est un fait inexplicable dans la théorie usuelle de l'atomicité, à moins de recourir aux valences supplémentaires. Il est vrai que l'intervention de cette eau de cristallisation n'est peut-être pas un phénomène d'ordre purement chimique ; il est aussi probablement d'ordre physique ; car, dans la formation des hydrates salins, indépendamment des forces chimiques proprement dites, entrent également en ligne des actions d'ordre physique : changement d'état, cristallisation, exigences d'une forme géométrique déterminée.

Quoi qu'il en soit, avec la conception de la valence fractionnée, il n'est pas impossible d'admettre et d'expliquer comment l'attraction atomique, nous ne dirons pas « préside », mais « concourt » à la production de ces agrégats moléculaires compliqués, les hydrates salins, qui n'apparaissent plus dès lors comme étant hors la loi de saturation.

Nous prendrons comme exemple le sulfate de cuivre, qui cristallise avec cinq molécules d'eau $SO^4Cu.5H^2O$.

Voici d'abord comment Würtz formulait ce sel, avec beaucoup de réserve d'ailleurs, en faisant intervenir le développement des atomicités supplémentaires (1) :

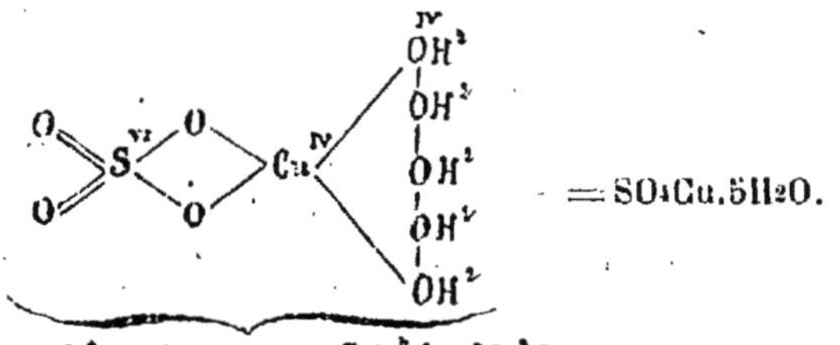

$$O = S^{VI} \underset{O}{\overset{O}{<}} Cu^{IV} \underset{OH^2}{\overset{OH^2 \ OH^2 \ OH^2 \ OH^2}{<}} \quad = SO^4Cu.5H^2O.$$

Sulfate de cuivre $SO^4Cu.5H^2O$

Dans cette formule, le cuivre est devenu quadrivalent de bivalent qu'il est habituellement, et l'oxygène des cinq molécules d'eau est lui-même devenu quadrivalent, alors que les autres atomes d'oxygène de la molécule sont restés bivalents.

(1) Würtz. *Théorie atomique.* Note II.

En appliquant la divisibilité de la valence, on peut construire la formule :

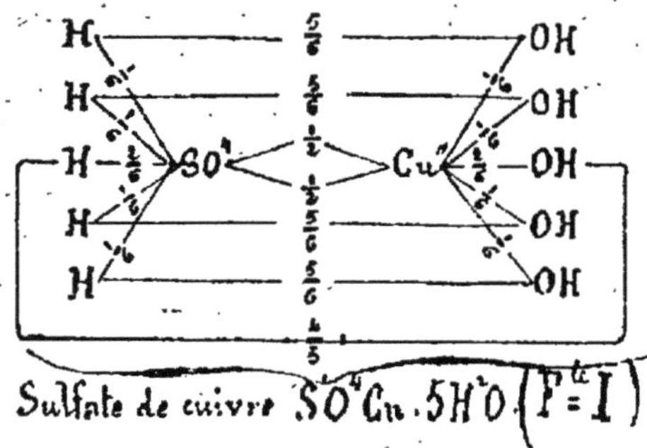

Dans cette représentation graphique du sulfate de cuivre cristallisé, le cuivre et l'oxygène conservent leurs valences normales $= 2$. Cette formule n'est pas seulement symétrique et correcte ; il y a plus : elle traduit un fait d'expérience que la première n'indique nullement. On sait que le sulfate de cuivre chauffé à 100° abandonne quatre molécules d'eau, la cinquième ne s'échappant qu'à 240°. Or, les liens qui unissent cette cinquième molécule au sel anhydre sont deux fois plus forts que ceux qui y attachent les quatre autres molécules. Ainsi s'explique le départ beaucoup plus difficile de la dernière.

Nous pensons que l'on pourrait même, à l'aide de ce mode de notation, aller plus loin dans l'expression de certaines particularités des composés chimiques en général. A ne s'en tenir qu'au sulfate de cuivre $SO^4Cu.5H^2O$, notons que les cristaux de ce sel s'effleurissent dans l'air sec à $+ 15°$ en perdant deux molécules d'eau ; que, dans le vide sec, à $+ 20°$, ils perdent une troisième molécule d'eau ; que le résidu $SO^4Cu.2H^2O$ laisse échapper dans le vide à $+ 40°$ une quatrième molécule d'eau, en donnant une poudre vert-pâle

SO¹Cu.H²O ; et qu'enfin, ce dernier hydrate ne se change on sel anhydre SO¹Cu qu'à 220° — 240°.

La formule suivante permet de mettre ces propriétés en évidence :

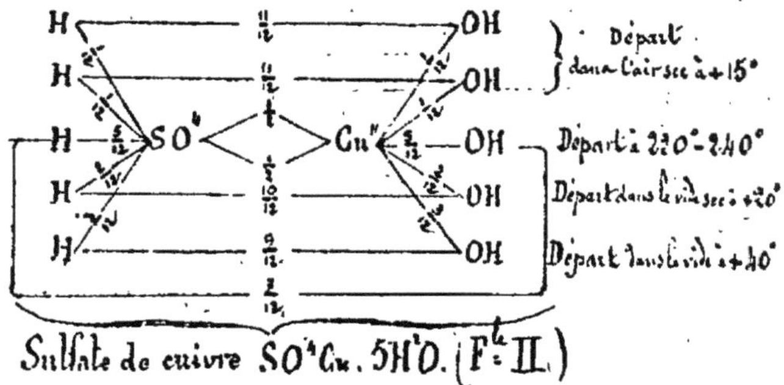

Schützenberger, après avoir développé, pour le sulfate de magnésium à sept et à six molécules d'eau, des formules analogues à celle que nous avons donnée pour le sulfate de cuivre (Fᵗᵉ I, p. 11), ajoute : « Il résulterait de là que plus un sel renferme d'eau de cristallisation, plus les liens qui unissent ses deux *ions* ou les deux parties constitutives sont affaiblis » (1).

C'est là une conséquence qui ne nous semble pas absolument nécessaire, contrairement à l'opinion exprimée par l'éminent chimiste. Pour qu'il en soit forcément ainsi qu'il l'indique, il faut admettre que les fractions de valence qui fixent les molécules d'eau sur les ions restent constantes, c'est-à-dire qu'il faut que la ou les nouvelles molécules d'eau s'attachent au sel à la faveur d'un relâchement des liens qui unissent ses deux parties constitutives. Or, rien ne prouve que les choses se passent de cette façon ; il peut se faire, au contraire, que ce soient les liens qui unissent les molécules

(1) Schützenberger. *Traité de chimie générale.* T. VII, p. 105.

d'eau aux ions, qui se relâchent à mesure que le nombre de ces molécules augmente dans l'édifice ; car celui-ci devient de plus en plus fragile. Le sulfate de cuivre à sept molécules d'eau $SO^4Cu.7H^2O$ est effectivement d'une grande instabilité ; il se détruit rapidement quand on le met en contact avec des cristaux du sel $SO^4Cu.5H^2O$, ou même simplement quand on le met au contact d'un corps solide sec. Il est évident que certaines des sept molécules d'eau sont fixées aux ions par des attaches plus faibles que les autres.

D'un autre côté, il faut remarquer que c'est tout à fait arbitrairement que Schützenberger, dans sa formule du sulfate de magnésium à sept molécules d'eau, fait échanger une seule valence entre les deux ions. Nous agissons de même arbitrairement en admettant l'échange d'une seule unité de saturation entre SO^4 et Cu, les deux valences restées disponibles étant saturées par les oxhydryles (OH) et les atomes d'hydrogène, comme le montrent les schémas ci-dessus. Rien ne nous autorise donc à affirmer qu'il en soit ainsi. Il pourrait y avoir *un peu plus* ou *un peu moins* d'une valence échangée (émanant de chacun des ions), et en ce qui nous concerne, nous inclinons à croire qu'il y en a plutôt plus que moins ; car il ne faut pas oublier que si le sulfate de cuivre cristallisé ne perd sa dernière molécule d'eau que vers 240°, le sulfate de cuivre anhydre n'est décomposé, lui, qu'à la température du rouge $SO^4Cu = SO^3 + CuO$, et $2SO^3 = 2SO^2 + O^2$. Quant au sulfate de magnésium anhydre SO^4Mg, ce n'est qu'au rouge vif qu'il perd une certaine portion d'anhydride sulfurique sous forme d'anhydride sulfureux et d'oxygène.

II

Telle est la théorie des valences fractionnées, que Schützenberger a brièvement exposée dans son *Traité de Chimie générale*, et à laquelle nous venons d'ajouter quelques considérations personnelles. Cette idée si simple, et qui pourtant ne s'est fait jour que depuis peu, nous paraît mériter une application encore plus étendue. Quand on fait une hypothèse, il faut la faire aussi large que possible, de manière qu'elle puisse au moins se mouler sur tous les faits connus.

Etant donné le principe de la divisibilité de la valence, principe que rien ne vient infirmer et auquel l'habitude contractée pourrait seule trouver à redire, il y a lieu de se demander si l'on ne possède pas là un argument sérieux en faveur de *l'atomicité ou valence absolue des éléments,* telle que l'ont admise au début Kékulé et ses disciples et telle que l'admettent encore quelques chimistes, bien que la généralité partage plutôt l'idée de la *variabilité* et de la *contingence* de cette propriété des atomes. C'est un point qui vaut la peine d'être examiné.

Nous avouons que, dès que nous avons eu connaissance de la théorie du fractionnement de la valence, nous avons pensé à une extension possible de cette théorie à la question de l'atomicité absolue des éléments ; mais nous nous sommes assez vite heurté à certaines difficultés qu'il nous a paru bien difficile de vaincre. Nous allions, sinon abandonner complètement cette idée, du moins attendre une plus longue incubation pour la poursuivre, lorsque nous reçûmes de M. le docteur Maurizot, médecin à Pertuis (Vaucluse), un travail qu'il venait de faire précisément sur ce sujet et qu'il voulait bien soumettre à notre appréciation. Cette communication arrivait trop à propos pour que nous pussions nous en désintéresser. D'autre part, la courtoisie la plus élémentaire exigeait que nous fissions au moins l'honneur d'une lecture attentive à la note de notre honorable et distingué correspondant, afin de lui faire part de notre impression (1). Nous fûmes donc ramené plus tôt que nous ne pensions à envisager de près cette question si controversée de l'atomicité absolue qui, malgré tout ce qu'on en a pu dire, est encore pendante « *Adhuc sub judice lis est* ». Et quand des idées sortant de la banalité habituelle viennent à surgir sur ce point important de la doctrine atomique, comme d'ailleurs sur tout ce qui intéresse la science en général, il est toujours utile de les faire connaître, sauf à les discuter sans parti pris et à les rejeter si elles ne concordent pas avec l'ensemble des faits. De ce qu'une théorie ou une hypothèse paraît extraordinaire de prime abord, on ne doit pas, à notre avis, l'écarter d'emblée, comme une chose frivole et sans valeur. « Les hypothèses, dit Lothar Meyer, sont l'instrument indispensable de toute théorie, aussi bien que de la théorie chimique. La connaissance précise de l'instrument et de ce qu'il peut faire, de son fort et de son faible, est la première condition pour mener à bonne fin et sûrement l'édifice entrepris. »

Profondément pénétré de cette pensée que nous considérons comme frappée au bon coin, nous nous proposons donc, après avoir exposé les idées principales qui se dégagent du travail de M. Maurizot, d'aborder l'étude et la discussion de l'invariabilité de l'atomicité, ainsi que celle de quelques autres points connexes auxquels M. Maurizot a touché dans son travail. Ce chercheur modeste, qui consacre les loisirs que lui laissent

(1) Cette note est imprimée sur une feuille volante et sans nom d'auteur ; mais M. Maurizot a publié depuis une brochure où ses idées sont plus amplement développées.

ses occupations professionnelles aux spéculations théoriques de la chimie, nous a octroyé, avec le plus grand
empressement et la meilleure grâce du monde, toute
liberté de divulgation et d'appréciation de ses idées sur
la matière en question, bien que celles-ci ne soient
pas encore livrées à la publicité (1); c'est donc avec son
complet assentiment que nous allons examiner ses conceptions. On comprendra sans peine que cette déclara-
tion préalable était nécessaire.

Nous devons dire d'abord que l'auteur, qui intitule
son étude : *Divisibilité de la valence. — Inutilité des
valences supplémentaires*, croyait être le premier à avoir
trouvé cette idée du fractionnement de la valence. Il a
pu la trouver ; il l'a certainement trouvée, sans en avoir
toutefois la priorité, comme on l'a vu. Quoi qu'il en soit,
voici comment il s'exprime :

« La *valence*, l'*atomicité*, telle qu'elle est conçue
aujourd'hui, reste indivisible dans toutes ses manifestations. Emise toujours tout entière par un même atome,
elle aboutit toujours tout entière à un même atome.
Pourquoi cela ? »

« Toutes les forces de la nature, si elles sont sollici-
tées dans divers sens, attirées vers divers points, se
partagent également entre eux, c'est-à-dire en raison
de l'attraction qu'ils exercent sur elles, et cela quelque
nombreux qu'ils soient. Elles sont divisibles à l'infini.
Or, l'*atomicité* est une force naturelle ; *elle n'est autre
que la force chimique, que l'affinité*. Pourquoi fait-elle
exception à la loi qui régit toutes les forces naturelles ?
— Pourquoi refuse-t-elle de s'appliquer à 2, 3, 4, etc.
atomes qui l'attirent simultanément ?

« *L'affinité*, elle-même, *dont l'atomicité ne se distingue
pas au fond*, est divisible. Selon qu'elle émane d'un

<hr>

(1) Depuis l'époque à laquelle ces lignes ont été écrites, M. Maurizot a publié, comme nous l'avons déjà dit, une brochure dans laquelle il a exposé ses idées d'une façon plus complète.

corps bi, tri, quadrivalent, elle peut se répartir entre
2, 3, 4 atomes. Pourquoi sa divisibilité s'arrête-t-elle
à ce terme ? Pourquoi, une fois réduite à une atomicité,
transite-t-elle toujours tout entière d'un atome à un
autre ? — Pourquoi est-elle dès lors devenue indivisible ? . . . . »

Nous ne pouvons nous empêcher de faire remarquer
qu'il y a là une étrange confusion entre l'affinité et
l'atomicité, confusion qu'il n'est guère possible d'admettre, à moins de faire litière de tout ce que nous
savons jusqu'ici sur ce point. M. Maurizot a une conception toute spéciale de l'*atomicité*, puisqu'il l'identifie
avec l'*affinité*.

Elles sont bien toutes deux des émanations ou
plutôt des manifestations de la *force chimique*, mais
bien différentes l'une de l'autre et considérées comme
absolument indépendantes.

L'affinité est l'énergie avec laquelle un corps s'unit à
un autre corps ; l'atomicité est la propriété que possède un corps d'attirer un ou plusieurs atomes d'un
autre corps.

La première, aussi bien que la seconde, nous échap-
pent dans leur *essence*, et nous ne pouvons les envisager
que dans leurs manifestations.

Or, dans la force chimique qui pousse les atomes
d'un corps vers les atomes d'un autre corps, que cons-
tatons-nous ? Deux choses distinctes : 1° *son intensité ;*
2° *son action simple ou multiple.* Et ces deux manifestations sont indépendantes. Le carbone, par exemple,
attire avec beaucoup moins d'énergie l'hydrogène que
ne le fait le chlore, et cependant un atome de carbone
fixe quatre atomes d'hydrogène, tandis qu'un atome
de chlore ne fixe qu'un seul atome d'hydrogène.

On a dit que l'affinité et l'atomicité étaient absolument indépendantes l'une de l'autre. Il paraît cependant exister une certaine relation entre ces deux mani-

festations de la force chimique. En effet, les éléments à valence variable montrent la valence la moins élevée par rapport aux éléments pour lesquels ils ont le plus d'affinité, et la valence la plus élevée par rapport à ceux avec lesquels ils ont le moins de tendance à se combiner. Il semble ainsi que l'affinité compense par la quantité ce qui lui manque en intensité. On ne pourra clairement expliquer la cause de ce singulier phénomène avant d'avoir une conception plus nette et plus précise de l'affinité (1).

Rappelons que l'on a du reste fait remarquer, il y a déjà longtemps, le lien étroit qui existe entre la quantité et la tension électrique d'une part, et ce que nous appelons en chimie l'atomicité et l'affinité d'autre part.

On voit que l'énergie de l'affinité ne donne nullement la mesure du degré de l'atomicité.

L'affinité se mesure par la quantité de force vive transformée dans l'acte de la combinaison et qui se manifeste comme chaleur (2).

L'atomicité a pour mesure le nombre d'atomes d'hydrogène ou d'un élément analogue qu'un corps donné est capable de fixer ou de remplacer.

Il est évident dès lors qu'on ne saurait identifier ces deux notions de l'affinité et de l'atomicité.

Cette réserve faite, revenons aux idées émises par M. Maurizot :

« Le principe de la divisibilité de la valence, dit-il, permet de ne recourir qu'aux atomicités normales, à l'unique atomicité des corps monovalents, à la double atomicité des corps bivalents, à la triple atomicité des corps trivalents et à la quadruple atomicité des corps quadrivalents ; d'écarter toutes les autres comme inutiles et irréelles. *Non seulement le nombre des ato-*

(1) Lothar Meyer. *Théories modernes de la chimie*, t. I, p. 437.
(2) On ne prétend pas dire que l'on ait là une mesure exacte de l'affinité.

micités ne varie point dans le même corps, mais ne dépasse le chiffre 4 dans aucun corps, d'après la classification Mendelévienne elle-même, dont les séries successives nous montrent chacune les atomicités s'élevant graduellement de un jusqu'à quatre, pour redescendre ensuite de quatre jusqu'à un. Les atomicités supérieures à quatre et les atomicités supplémentaires sont de même ordre, également anormales, également supplémentaires. Elles naissent de la même source, de la méconnaissance du principe de la divisibilité de la valence. »

A l'appui de cette manière de voir, l'auteur donne, entre autres, les formules suivantes :

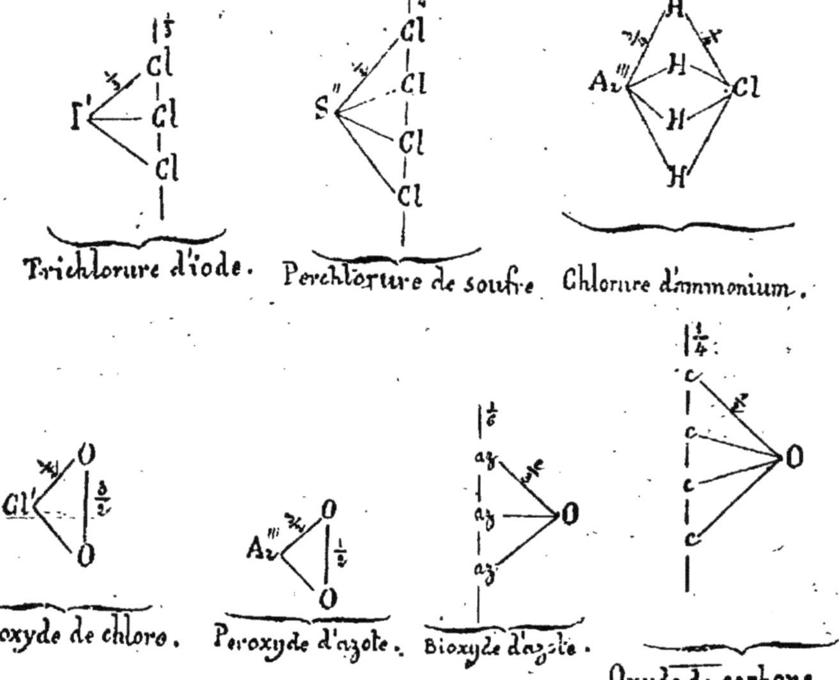

Trichlorure d'iode.   Perchlorure de soufre.   Chlorure d'ammonium.

Peroxyde de chlore.   Peroxyde d'azote.   Bioxyde d'azote.   Oxyde de carbone.

etc., etc.

« Il faut, ajoute-t-il, se figurer toutes ces formules arrondies, c'est-à-dire qu'on rapprochera, par la pensée, les extrémités de chaque série d'atomes de même espèce.

« Les formules du bioxyde d'azote et de l'oxyde de carbone demandent un mot d'explication. L'azote a trois atomicités, le carbone quatre. En fait l'atome de l'azote est triple et celui du carbone quadruple. Chacun d'eux est composé de sous-atomes univalents, qui sont représentés par des minuscules. Quand la totalité de ses valences s'exerce au dehors, ses sous-atomes sont dirigés, orientés dans le même sens, de façon à associer leurs actions, leurs courants, au lieu de les échanger, et non opposés les uns aux autres et reliés entre eux par l'échange de leurs courants contraires. Mais quand une partie de ses valences ne s'applique nulle part autour de lui, elles rentrent en lui et relient entre eux les sous-atomes, alors opposés en partie les uns aux autres. C'est ce qui se passe dans le bioxyde d'azote et dans l'oxyde de carbone. »

Nous voici au cœur même de la question soulevée : l'atomicité absolue des éléments ; puis nous sommes en présence d'une nouvelle manière de formuler les composés chimiques, qui ne manque pas d'originalité.

Dans ce qui précède, il y a plusieurs choses à examiner successivement. Avant tout, il importe de revenir sur le sens du mot *atomicité* et de préciser encore davantage s'il se peut. Il est à propos également de rechercher s'il y a lieu d'établir une distinction entre la signification de chacun des termes *atomicité* et *valence*, qui sont le plus souvent employés indifféremment l'un pour l'autre (1).

Pour concevoir clairement l'atomicité dans ses relations stœchiométriques, il est nécessaire de s'entendre

____

(1) On se sert encore quelquefois des expressions de *valeur chimique, coefficient de saturation, capacité de saturation*, qui ont le même sens.

sur ce qu'on doit appeler la *véritable équivalence* des éléments. Nous considérons comme l'*équivalent réel* d'un corps simple la quantité de ce corps qui équivaut dans les réactions à 1 d'hydrogène (H = 1).

Ainsi, le véritable équivalent de l'oxygène est bien 8, comme on le trouve dans les tables ; mais celui de l'azote n'est pas 14 ; il est $\frac{14}{3} = 4, 7$; celui du carbone n'est pas 6 : il est $\frac{6}{2} = 3$; etc. Cela résulte de l'observation rigoureuse des faits, et par là, la notion de l'équivalence acquiert un sens net et précis que l'ancienne conception était loin de lui donner.

On peut alors définir l'*atomicité* d'un élément le *rapport du poids atomique de cet élément à son poids équivalent*. Le nombre, toujours rationnel qui exprime ce rapport, indique donc combien de fois l'équivalent d'un corps donné est contenu dans son poids atomique. Il est évident, d'après cela, que si l'on pouvait déterminer avec certitude l'équivalent de tous les corps, l'atomicité de ceux-ci se trouverait par cela même définitivement et immuablement fixée. Mais il n'en est pas ainsi. Beaucoup de corps se montrent avec plusieurs équivalents ; il en résulte que l'atomicité nous apparaît comme une *grandeur inconstante, essentiellement variable*, suivant les circonstances.

Il pourrait se faire cependant que ce ne fût là qu'une simple apparence. Expliquons ce point de vue :

Il est permis de se demander d'abord si les dernières particules désignées sous le nom d'atomes sont constantes et invariables dans leur propre nature, dans leur essence. A cet égard, on ne saurait invoquer qu'un seul critérium, celui qui résulte de l'examen de leurs propriétés principales, fondamentales. Or, si l'on envisage l'une d'elles, la *chaleur spécifique*, on reconnaît qu'elle subit des changements notables, ce qui conduirait à

penser que les atomes eux-mêmes éprouvent des modi-
fications dans leur nature substantielle. Toutefois cette
inconstance de la chaleur spécifique, à des températures différentes, pouvant jusqu'à un certain point s'expliquer par les seules variations dans l'état de mouvement imprimé aux atomes, ceux-ci restant intacts,
inaltérés dans leur nature intime, la conclusion, qui se
présentait naturellement de prime abord, paraît maintenant hasardée, douteuse. Au surplus, la considération
de beaucoup d'autres propriétés essentielles des atomes
nous fait voir ces particules ultimes de la matière
comme constantes et invariables.

Aussi plusieurs chimistes n'hésitent-ils pas aujour-
d'hui *à attribuer aux atomes une activité déterminée, ne
relevant que de leur propre substance, et aussi invariable
que cette substance elle-même, quel que soit d'ailleurs le
nombre des autres atomes auxquels ils peuvent se trouver
liés, mettant les changements observés dans les combinaisons chimiques sur le compte des variations dans les conditions et circonstances extérieures, qui peuvent modifier
plus ou moins profondément leur action.*

Il conviendrait dès lors de distinguer deux sortes
d'atomicités : une *atomicité absolue* et une *atomicité
relative.*

La première serait donnée, non par le nombre
d'unités chimiques qu'un atome peut relier ensemble
dans un composé quelconque, mais bien par le nombre
maximum de ces unités de saturation qu'il est capable de
fixer. Il en est de cette atomicité absolue comme de la
force portative d'un aimant, qui ne doit pas s'évaluer
d'après le poids quelconque qu'il porte à un moment
donné, mais d'après le poids *maximum* qu'il est susceptible de soutenir (1).

(1) Il est à peine utile de dire que ce mode d'évaluation de la
force d'un aimant, après avoir été longtemps usité, n'est plus en

Et pour éviter toute confusion entre l'atomicité absolue (*maximum*) d'un corps et son atomicité relative (actuelle), celle plus faible qu'il manifeste dans certaines combinaisons, on peut appeler la première *atomicité* tout court, et la seconde *quantivalence* ou simplement *valence*, comme le fait Hofmann. C'est ainsi que l'on dira, par exemple, que le plomb, dont l'atomicité est égale à quatre, n'est pourtant que *bivalent* dans la plupart de ses combinaisons ; que le phosphore, dont l'atomicité est égale à cinq, n'est que *trivalent* dans le chlorure PCl^3, etc.

Cette distinction a sans doute son utilité, et l'on peut avantageusement s'en servir dans le langage chimique ; mais au fond elle n'est que d'une mince valeur. Affirmer que l'atomicité est une grandeur invariable et lui donner un autre nom, celui de valence, lorsqu'elle ne se manifeste pas dans la plénitude de son activité, cela ne saurait constituer un progrès réel, encore moins tenir lieu d'une explication qui soit de nature à satisfaire l'esprit. Le problème reste donc tout entier avec ses grandes difficultés, et l'on peut dire que la chimie aura fait un grand pas le jour où il recevra une solution convenable.

La théorie de la valence fractionnée, interprétée, comme l'a fait M. Maurizot, apporte-t-elle des éléments capables de conduire à cette solution ? — Pour l'auteur, comme on l'a vu, la question ne ferait pas le moindre doute. D'après lui, non seulement l'invariabilité de l'atomicité serait un fait acquis, mais, de plus, cette atomicité ne dépasserait jamais le chiffre 4. Voilà une proposition nettement formulée et sans aucune espèce d'hésitation. Elle n'est cependant pas de celles qui s'imposent. Nous ignorons quel accueil lui est

honneur aujourd'hui. On a recours, pour cela, à la méthode des oscillations ou à l'emploi de la balance de torsion. Notre comparaison n'a d'autre but que de faire mieux saisir notre pensée.

réservé dans le monde des chimistes ; nous estimons toutefois, pour notre part, qu'elle ne devra être acceptée qu'autant qu'on ne pourra lui opposer ni exceptions, ni contradictions graves, qu'autant que des faits importants ne se mettront pas en travers ; car, si ingénieuse que soit la conception des valences fractionnées, ce n'est, après tout, qu'une hypothèse, ayant, il est vrai, l'avantage d'expliquer certaines combinaisons par l'introduction d'un artifice nouveau dans la notation chimique, mais enfin c'est une hypothèse, et, comme telle, elle ne peut servir de base inébranlable à une affirmation comme celle qui précède, s'il est démontré que celle-ci n'est point conciliable avec tous les faits connus.

Il a été dit, dès le début de ce travail, que le principe de la divisibilité de la valence, tel qu'il a été posé par Schützenberger, pouvait être admis sans inconvénients, parce qu'il ne heurte aucune des règles fondamentales de la chimie. Il modifie simplement une habitude prise, ce que l'on ne saurait lui reprocher, si l'habitude était mauvaise, comme il y a tout lieu de le penser. Mais M. Maurizot va plus loin, beaucoup plus loin même, dans l'application qu'il fait de cette divisibilité. Selon lui, lorsque, dans une combinaison, des atomes de même espèce ne trouvent pas à appliquer leurs valences normales à des atomes différents, ils échangent entre eux l'excédent de leurs fractions d'atomicités, de façon à former une chaîne qui se ferme, grâce aux portions de valences restées libres à ses deux extrémités. C'est ce que l'on observe pour le trichlorure d'iode, le tétrachlorure de soufre, par exemple (v. p. 19). On a ainsi une représentation graphique des molécules, qui est assez curieuse. Les composés dont il s'agit seraient cycliques, et il en serait de même, du reste, de beaucoup d'autres molécules, que l'on ne considère pas habituellement comme ayant une telle constitution.

Il faut bien convenir que, du moment où l'atomicité

est susceptible de se diviser, il est difficile de voir dans cette façon toute particulière et vraiment originale de concevoir la structure des corps, quoi que ce soit qui puisse choquer l'esprit. Les valences, qui émanent d'un élément quelconque, peuvent, en effet, rayonner dans toutes les directions, et rien ne s'oppose à ce qu'elles s'échangent entre atomes de même nature : c'est ce qu'on appelle le phénomène de l'autosaturation. Si l'on ne fait ordinairement des chaînes d'atomes qu'avec les éléments polyvalents, cela tient à ce que l'on procède par l'échange d'au moins une unité de saturation. Mais il est tout aussi légitime d'admettre dans une molécule une chaîne d'atomes de chlore, reliés entre eux par l'échange de 1/2 valence, par exemple, que de faire figurer dans une autre molécule une chaîne d'atomes d'oxygène, échangeant entre eux une valence entière. Après tout, le chlore libre n'est-il pas du chlorure de chlore (Cl-Cl) ; l'hydrogène libre, de l'hydrure d'hydrogène (H-H), comme l'oxygène libre est lui-même de l'oxyde d'oxygène ($O = O$); l'azote libre, de l'azoture d'azote ($Az \equiv Az$), etc.? A ce point de vue, nous ne voyons donc pas d'objection sérieuse à faire.

Quant à la forme cyclique (1) des molécules, il est certain qu'elle est plus facile à concevoir que la forme linéaire ou arborescente, que la forme acyclique, en un mot. On s'explique mieux l'état d'équilibre d'un composé à chaîne fermée, puisqu'il y a un enchaînement général des atomes.

____

(1) Nous disons la forme cyclique, n'ayant pas d'autre expression à notre service, bien qu'en réalité la représentation graphique, dont il est question ici, conduise à des formules annulaires spéciales et susceptibles d'être traduites dans l'espace sous forme de solides plus ou moins réguliers. Ainsi, par exemple, le trichlorure d'iode (v. p. 19) pourra être représenté sur un plan par un triangle équilatéral, au centre duquel se trouvera l'atome d'iode, les trois sommets du triangle étant occupés par le chlore ; dans l'espace, on aura une pyramide

Remarquons qu'une pareille structure implique, en général, l'idée d'une plus grande stabilité des molécules. Or, pour ce qui est du tétrachlorure de soufre susmentionné, il y a à ce point de vue une non-concordance évidente ; ce composé est, en effet, d'une instabilité telle qu'il ne peut exister que vers — 20° ; déjà à — 15° il est en partie dissocié.

On a vu comment sont représentées les molécules du *bioxyde d'azote* et de l'*oxyde de carbone*. Dans la formule du premier de ces corps, l'atome d'azote est considéré comme formé de trois sous-atomes univalents $Az''' = (az'\ az'\ az')$; dans la formule du second, l'atome de carbone est envisagé comme constitué par quatre sous-atomes univalents $C^{iv} = (c'\ c'\ c'\ c')$. C'est là une idée renouvelée de MM. Delavaud et Erlenmeyer et qui n'est point partagée par tous les chimistes. « En réalité, disent à ce sujet MM. Naquet et Hanriot, ceci revient à supposer que les corps simples, tels que nous les connaissons, sont encore divisibles en particules plus petites. La loi de Dulong et Petit nous montrant une relation fort simple entre les atomes, tels que nous les admettons, nous ne pouvons admettre une hypothèse qui n'explique rien et est en désaccord avec une des lois les plus remarquables de la chimie. »

Cette opinion est par trop radicale, et y souscrire sans réserves, dans l'état actuel de nos connaissances, nous paraît aussi téméraire que d'affirmer hautement l'opinion opposée. Nous ne pouvons cependant nous défendre d'une certaine propension à la croyance de particules d'un troisième ordre de grandeur, c'est-à-

triangulaire au sommet de laquelle sera placé l'iode. De même, pour le tétrachlorure de soufre, on aurait : sur un plan, un carré au centre duquel serait placé l'atome de soufre, les quatre atomes de chlore occupant chacun des angles, et dans l'espace cette molécule serait représentée par un tétraèdre régulier aux sommets duquel se trouveraient les atomes de chlore, l'atome de soufre étant situé au centre de gravité du solide, etc., etc.

dire de particules plus fines que les atomes. Ce n'est pas sans quelque fondement, avons-nous besoin de le dire, que nous inclinons à partager cette manière de voir, au moins en ce qui concerne un certain nombre de corps.

Si l'on admet la discontinuité de la matière, la conception de l'atome comme particule ultime, insécable, n'est vraiment exacte qu'au point de vue chimique ; car nous ne possédons actuellement aucun moyen qui nous permette de diviser cette petite masse ; mais cela ne prouve nullement qu'elle soit indivisible. A une certaine époque, on a soutenu, dans des termes assez vagues du reste, que les atomes étaient infiniment petits ; autrement dit, on leur refusait l'expansion dans l'espace, et on les considérait comme des points, des centres d'attraction de forces et de mouvements ; ils devaient dès lors être insécables. Les travaux les plus récents sur la physique moléculaire ont ruiné cette hypothèse, et il est à peu près hors de doute aujourd'hui que l'espace occupé par les atomes, *s'il est extrêmement petit*, ce qui est de toute évidence, *n'est pas infiniment petit.* Ces fines particules ont nécessairement un certain poids ; c'est un fait indiscutable et qui n'a d'ailleurs jamais été discuté. On est même arrivé à déterminer approximativement le poids absolu des molécules et par suite celui des atomes, en partant des données acquises sur les dimensions des molécules et en tenant compte des densités. Il est donc permis de concevoir, au moins par la pensée, la sécabilité, le partage possible de ces particules, si ténues qu'elles soient. « Il ne faudrait pas entendre le mot *atome* dans un sens absolu, dit M. Berthelot ; car les propriétés physiques des particules dernières que nous connaissons obligent à les concevoir comme formées, elles-mêmes, de particules infiniment plus petites, de l'ordre du grandeur de celles qui constitueraient la *matière éthérée* des physiciens (1). »

D'autre part, si l'on veut concilier l'idée de l'unité de la matière avec l'hypothèse atomique, on est conduit à la conception d'un atome primordial capable de s'unir, de se souder à lui-même, un nombre de fois plus ou moins élevé (2).

Nous devons nous borner ici à ces quelques remarques, et nous renvoyons pour certains développements sur ce sujet aux *Théories modernes de la chimie*, de Lothar Meyer, où l'on trouvera des considérations qui viennent corroborer dans une assez large mesure ce qui vient d'être dit.

On se trouve donc ainsi amené à conclure que l'existence des sous-atomes présente quelque semblant de probabilité, au moins pour un certain nombre d'éléments. Il faut, sans aucun doute, faire une exception pour le mercure et vraisemblablement pour d'autres corps dont la molécule se confond avec l'atome, tels que le zinc, le cadmium, l'argon, etc. On sait, en effet, que Kundt et Warburg ont établi, d'après la vitesse de propagation du son dans la vapeur mercurielle, le rapport entre les deux chaleurs spécifiques de cette vapeur sous pression constante C et sous volume constant C', et qu'ils ont trouvé ainsi :

$$\frac{C}{C'} = 1{,}67,$$

c'est-à-dire le nombre prévu par le calcul théorique ; ce qui indique que la molécule de mercure est monato-

(1) *Essai de mécanique chimique fondé sur la thermochimie*. — Introduction, p. XXI.

(2) L'unité des forces physiques, qui est l'une des grandes conquêtes du XIX⁰ siècle, donne un très grand poids à l'idée de l'unité de la matière dont elle est sœur.

mique, autrement dit, qu'elle est formée d'un seul atome,
et qu'en outre, cet atome n'est pas composé de particules plus petites en mouvement les unes contre les
autres, puisqu'il n'y a pas de travail interne. Dans ce
corps, l'atome paraît donc se comporter comme une
masse solide unique.

M. Delavaud n'applique l'hypothèse des sous-atomes
qu'aux corps bi ou polyvalents, par la raison sans doute
qu'ils possèdent deux ou plusieurs centres d'attraction
dont la puissance individuelle $= 1$; car, dans sa pensée, le nombre des sous-atomes d'un élément polyvalent donné est égal à celui qui exprime son atomicité
maximum. C'est ainsi que l'atome de phosphore, dont
l'atomicité maximum $= 5$ serait formé de 5 sous-atomes
$P^v = (p'\,p'\,p'\,p'\,p'.)$

En se plaçant à un point de vue plus général et plus phi-
losophique, on ne voit pas trop pourquoi la supposition
des sous-atomes ne s'étendrait pas aussi aux éléments
univalents. Effectivement, les raisons que l'on peut
invoquer en faveur de la vraisemblance, de la possibilité
d'existence de particules plus fines que les atomes, s'appliquent à tous les corps indistinctement, sauf probablement à ceux qui ont été signalés plus haut (Mercure, etc.). Il n'y a rien là d'inconciliable avec la propriété plus spéciale qu'a envisagée M. Delavaud, la
valence des atomes. On pourrait peut-être admettre que
les corps univalents sont formés, par exemple, de deux
sous-atomes, ayant chacun une puissance d'attraction $= \dfrac{1}{2}$

L'atome de chlore serait, par suite :

$$Cl = cl\ \overset{\frac{1}{2}}{\rule{1.2em}{0.4pt}}\ cl$$

La molécule $Cl^2 = Cl — Cl$ serait :

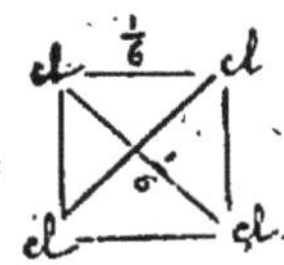

Et l'on aurait pour la molécule d'acide chlorhydrique $HCl = H — Cl$:

Quoi qu'il en soit, M. Maurizot, pour les besoins de sa cause, ne considère que les sous-atomes des éléments polyvalents, et encore, dans son travail, a-t-il restreint cette hypothèse aux seuls éléments *azote* et *carbone*. Il est probable toutefois que, dans sa pensée, elle est applicable aux autres corps de cette catégorie. Mais il faut remarquer que, contrairement à M. Delavaud, il n'admet que trois sous-atomes dans l'azote, au lieu de cinq, l'atomicité d'un corps n'excédant jamais quatre, suivant sa manière de voir. On examinera plus loin s'il convient de limiter ainsi le degré de l'atomicité. Pour le moment, nous croyons utile de donner un certain nombre de formules que nous avons établies d'après les principes ci-dessus, *modifiés toutefois*, et en prenant d'ailleurs pour les éléments, tantôt leur *atomicité minimum*, tantôt leur *atomicité maximum*.

III

On sait que le perchlorure de manganèse $MnCl^4$ est fort instable et n'existe qu'en solution éthérée (Nicklès). Dans ce composé, le manganèse est considéré comme quadrivalent ; mais on peut l'y envisager comme bivalent, en le représentant de la manière suivante :

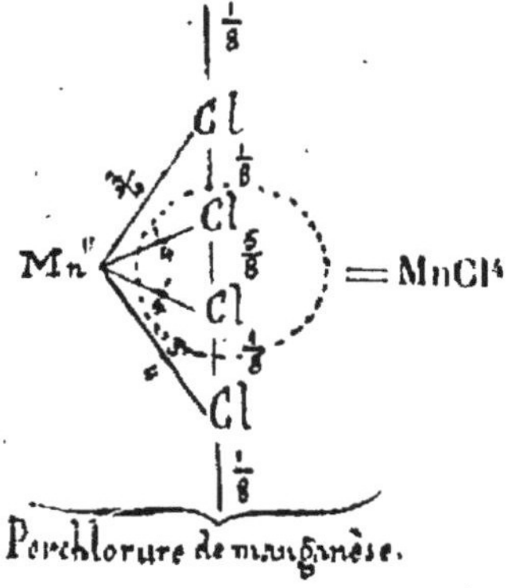

Perchlorure de manganèse.

Dans cette formule, l'instabilité du sel est indiquée par la faiblesse relative des liens qui unissent au métal deux des atomes du chlore, lesquels atomes sont eux-mêmes liés entre eux par $\frac{5}{8}$ de valence, tandis que les autres ne le sont que par $\frac{1}{8}$. On s'explique ainsi la grande tendance à la décomposition suivant l'équation :

$$MnCl^4 = MnCl^2 + Cl^2$$

Le perchlorate et le permanganate de potassium sont isomorphes, et ces deux corps sont habituellement représentés par des formules analogues, où l'on fait le chlore et le manganèse septivalents. Il est facile d'établir des formules dans lesquelles on conserve au premier de ces éléments sa monovalence et au second sa bivalence :

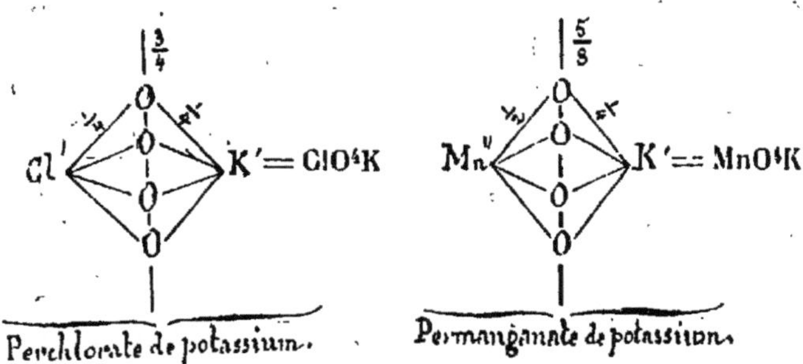

Perchlorate de potassium.

Permanganate de potassium.

Le *chlorure d'ammonium*, qui a été formulé à la page 19, pourrait être représenté de la manière suivante :
1° En faisant Az''' = az' az' az'

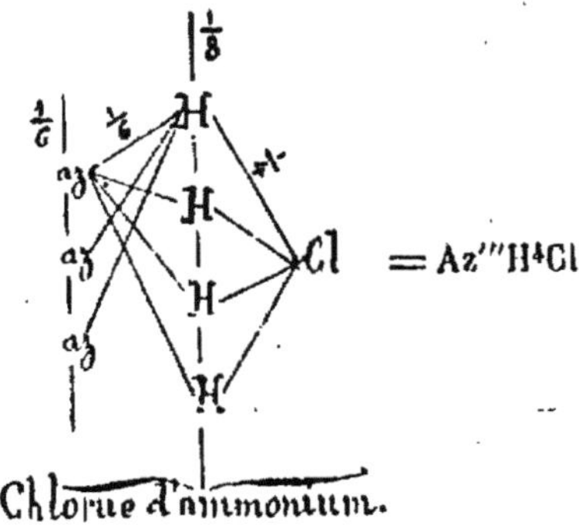

Chlorure d'ammonium.

2° En faisant Azv $=$ (az' az' az' az' az') :

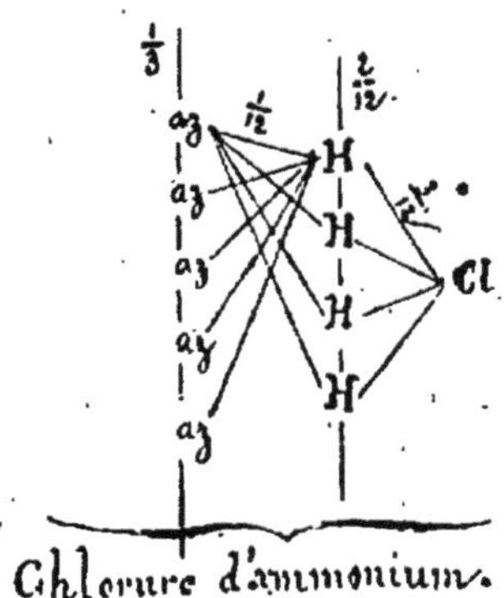

Dans ces formules, les atomes d'hydrogène sont reliés entre eux, comme on voit, de manière à constituer une chaîne fermée, tandis que, dans la formule de la page 19, il n'en est pas ainsi. Ce mode de représentation, pour n'être pas absolument conforme à l'un des principes de M. Maurizot, n'est cependant pas en opposition complète avec l'idée qu'il se fait de la structure des molécules. Il nous paraît même répondre plus exactement à sa pensée, en ce sens que tous les atomes de même espèce s'y enchaînent pour former un cycle ; puis, si l'on admet l'hypothèse des sous-atomes, il n'y a vraiment aucune bonne raison pour faire figurer ceux-ci dans certains corps et non dans d'autres.

On remarquera que les sous-atomes az' échangent des fractions de valences avec chacun des quatre atomes H. Il doit en être ainsi puisque Az''' exerce son attraction sur ces atomes H. Ici, pour ne pas compliquer les schémas, nous n'avons indiqué cet échange que pour les premiers az' et H, et il en sera de même pour toutes ou presque toutes les formules que nous donnerons dans la suite.

L'*ammoniaque*, elle-même, devrait être représentée, non par :

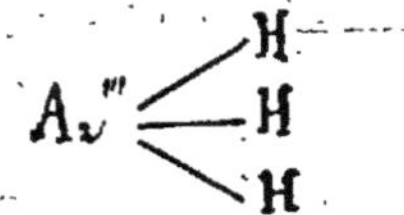

mais bien comme suit :

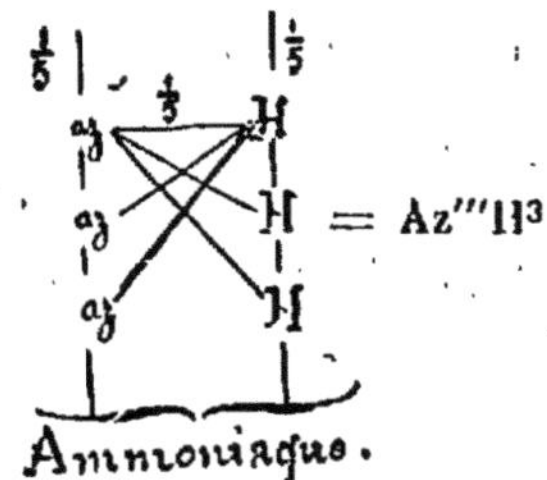

$= Az'''H^3$

On ne peut, du reste, formuler le même corps, en faisant l'azote pentavalent, qu'en ayant recours aux sous-atomes : $Az^v = (az'\ az'\ az'\ az'\ az')$, On a alors :

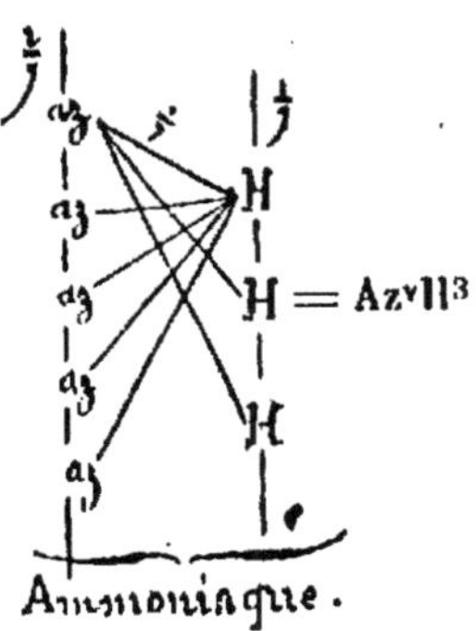

$= Az^v H^3$

On a vu plus haut (p. 19) la formule du bioxyde

d'azote en prenant $Az''' = (az'\ az'\ az')$. Si l'on fait
$Az^v = (az'\ az'\ az'\ az'\ az')$, on a :

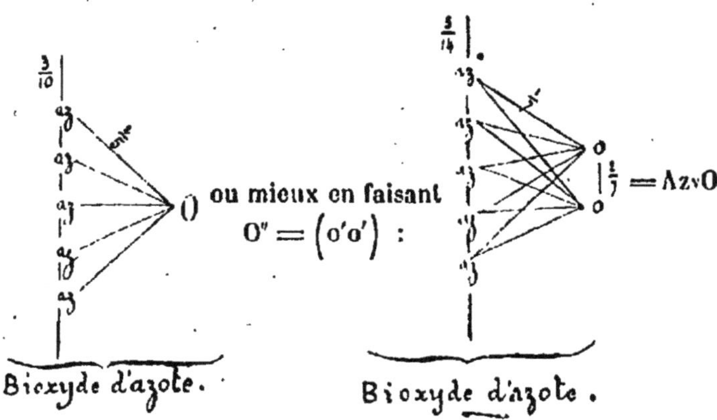

Le *trichlorure*, le *perchlorure* et l'*oxychlorure de phosphore* ainsi que l'*acide phosphorique* peuvent aussi aisément se formuler par ce mode de notation en prenant
tantôt $P''' = (p'\ p'\ p')$, tantôt $P^v = (p'\ p'\ p'\ p'\ p')$, et il en
est de même de tous les corps qui contiennent des élé-
ments à valence variable.

On sait que dans la *méthylcarbylamine* $C = Az''' — CH^3$
et dans tous les composés analogues, le carbone est
considéré comme *bivalent*, à moins d'admettre que dans
ces corps l'azote est pentavalent ; de telle sorte que l'on
aurait pour l'exemple choisi : $C \equiv Az^v — CH^3$.

Il est facile de donner une formule de la méthylcarbylamine, dans laquelle l'azote reste trivalent et le carbone conserve sa valence normale $= 4$.

En prenant $\qquad C^{iv} = (c'\ c'\ c'\ c')$,
et $\qquad Az''' = (az'\ az'\ az')$,

on a :

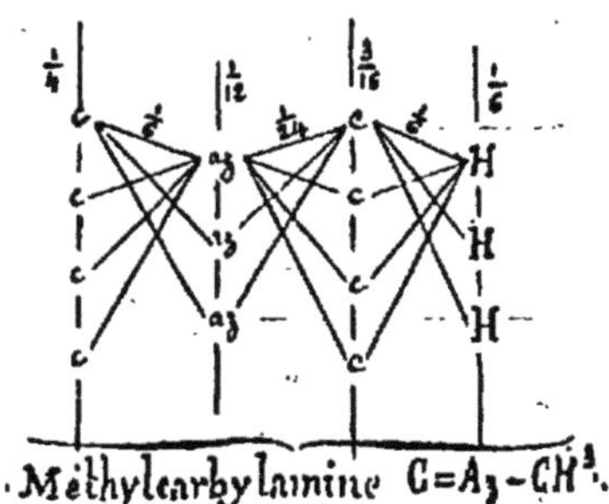

Voici, de même la formule de l'*acétonitrile*
$Az''' \equiv C^{iv} - CH^3$, isomère de la méthylcarbylamine :

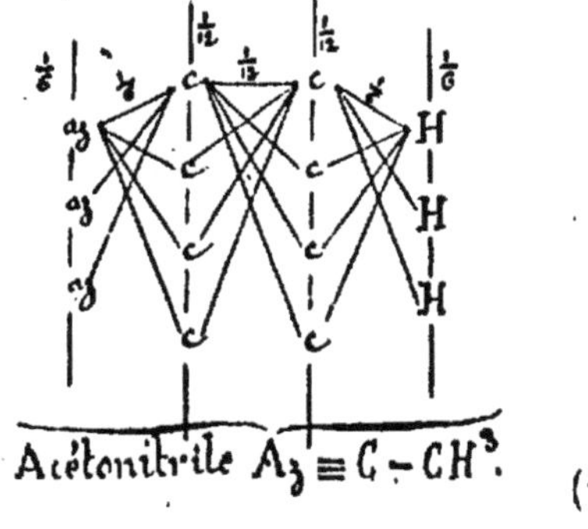

(1)

En voilà assez pour montrer avec quelle facilité la
théorie des valences fractionnées, interprétée comme
on vient de le voir, permet de représenter la constitution, nous voulons dire plutôt l'état de saturation des
corps les plus variés, et cela, en prenant indifféremment, pour les éléments à valence changeante, soit leur
atomicité minimum, soit leur *atomicité maximum*.

(1) Comme précédemment, pour ne pas compliquer ces formules, on
n'a indiqué les échanges des fractions de valences que pour les sous-
atomes az, c, c, et l'atome H du haut.

Les radicaux univalents eux-mêmes, tant organiques qu'inorganiques, se laissent schématiser dans cette notation aussi facilement que s'ils étaient susceptibles d'avoir une existence individuelle, c'est-à-dire que s'ils étaient saturés.

Ainsi, par exemple, le *méthyle* (CH³)' et l'*antimonyle* (SbO)', pourront être formulés comme s'ils étaient saturés :

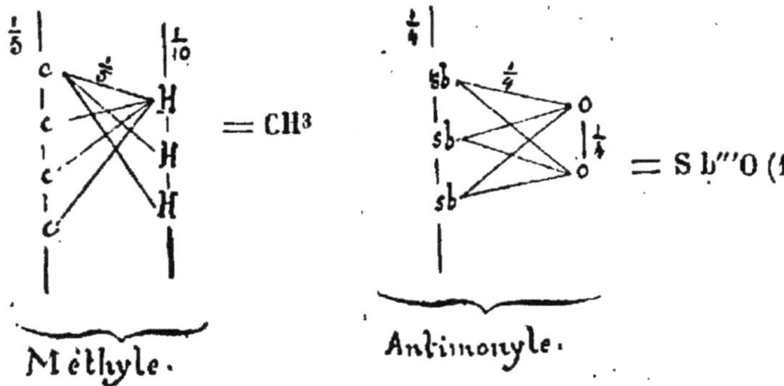

On entrevoit ainsi la possibilité d'existence des radicaux univalents à l'état de liberté, au moins dans certaines conditions. De fait, les molécules de chlore, de brome, d'iode, violemment chauffées, se scindent en atomes libres, comme on en a la preuve depuis les travaux de C. et V. Meyer avec H. Züblin et de J. M. Crafts et Meïer. A 1600°-1700°, la molécule I² se dédouble en deux molécules monoatomiques :

$$I^2 = I + I$$

2 molécules
monoatomiques

Par analogie, on pouvait supposer qu'à de très hautes températures, l'azote, l'hydrogène et l'oxygène seraient

(1) Dans cette formule, on a fait Sb''' = (Sb' sb' sb') et O' = (o' o')

aussi décomposés, du moins partiellement, en atomes isolés. Pour ce dernier gaz (l'oxygène), MM. Meyer ont reconnu qu'il a une densité normale, à des températures évaluées à 1392° et 1567°. Il faudrait donc porter ce corps à une température bien plus élevée pour qu'il y eût dissociation de sa molécule ; on peut même, sinon mettre en doute, du moins discuter la possibilité d'un tel résultat.

Dans les corps simples, en général, réduits à l'état de gaz, les particules physiques, bien que formées par des atomes de même espèce, sont d'une stabilité extrême, relativement à celle des molécules des gaz composés, qui sont constituées par l'agrégation d'atomes de nature différente.

On sait que la chaleur spécifique d'un gaz parfait est constante, c'est-à-dire indépendante de la température et de la pression, pourvu que la température ne soit pas trop basse ou la pression trop considérable. Cette loi n'est vraie que pour les gaz simples et les gaz composés formés sans condensation, tels que l'oxyde de carbone, le bioxyde d'azote et l'acide chlorhydrique. L'expérience montre, en effet, que pour les autres gaz composés, ceux qui sont formés avec condensation moléculaire, la chaleur spécifique augmente, au contraire, rapidement avec la température. Il en est ainsi même de la chaleur spécifique à *volume constant*, c'est-à-dire dans des cas où l'on ne peut attribuer l'excès d'énergie à aucun travail extérieur. Les vapeurs des composés organiques : chloroforme, alcool, etc., subissent des augmentations de chaleur énormes lorsqu'on les chauffe ; la chaleur spécifique de l'alcool arrive même à doubler, à une température un peu élevée.

« La molécule de tous ces corps, dit M. Berthelot, tourne et vibre de plus en plus vite, à mesure que sa température s'élève ; ses parties constituantes s'écartent les unes des autres, et le système tout entier se déformé. Par suite, les arrangements des particules élémentaires qui assuraient la stabilité de l'ensemble, disparaissent par degrés et d'une façon toujours plus marquée ; jusqu'au moment où l'équilibre se détruit, le système se brise, et la molécule éprouve une décomposition proprement dite » (1).

Pour les corps simples, il n'en est plus ainsi, on l'a déjà fait remarquer. Il nous paraît intéressant de rapporter textuellement ce qu'on trouve à ce sujet dans le *Cours de chimie* de M. Armand Gautier, T. Ier, p. 5, *en note*. « Ici, l'édifice est beaucoup plus petit et beaucoup plus stable, et l'augmentation de la chaleur spécifique proportionnelle au potentiel ou à l'énergie devenue latente, est minime, au moins dans des limites très étendues de température. C'est là une caractéristique des corps simples ; leur chaleur spécifique est presque constante. Leur édifice se maintient donc avec une très grande stabilité, même à des températures de 4000° degrés et plus, ainsi qu'en témoignent les spectres des gaz du soleil, dont la température certainement supérieure à 10000 degrés, montre encore les raies spectrales des éléments, telles qu'on les connaît à des températures très inférieures, de 1000° à 1500° degrés, par exemple (2). Toutefois, d'après les expériences de MM. Lechatellier, Vieille et Mallard, la chaleur spécifique des éléments, même à volume constant, augmente aux très hautes températures qu'on obtient dans l'ex-

<hr>

(1) Berthelot. *Essai de mécanique chimique*, T. 1., p. 443.

(2) L'opinion, qui vient d'être rapportée, est en désaccord avec celle qu'a exprimée M. Lockyer. D'après ce savant, plusieurs de nos corps simples seraient décomposés, au moins partiellement, à la température des astres : cette *dissociation céleste* serait manifestée par la comparaison des observations spectroscopiques, faites sur les lumières du soleil, des étoiles de différents âges et des sources de chaleur les plus puissantes dont l'homme dispose. (*Comptes-rendus de l'Académie des Sciences*. 2ᵉ semestre 1873, 1ᵉʳ et 2ᵉ semestre 1879).

plosión des poudres et augmente dans des proportions très sensibles (jusqu'à 33 %). »

En rapprochant ce phénomène de la dissociation des éléments : chlore, brome et iode, notamment de ce dernier, il est impossible de nier que l'édifice moléculaire des éléments eux-mêmes tend à se détruire sous l'influence de très fortes élévations de température qui, en augmentant les mouvements rotatoires ou vibratoires des molécules et des atomes qui composent celles-ci, font naître des forces centrifuges ou disruptives.

On sait d'ailleurs que l'abaissement de pression peut provoquer ce dédoublement moléculaire, comme l'ont établi les nouvelles expériences de Crafts et Meïer, sur la vapeur d'iode, expériences dans lesquelles ils ont fait varier la tension de cette vapeur. M. Troost avait déjà fait connaître des résultats analogues et qui montrent également avec netteté l'influence de la pression sur le phénomène de détente de la vapeur d'iode. Il est donc démontré qu'une diminution de tension facilite la dissociation ; on peut encore citer, à ce sujet, les travaux de M. Lemoine sur l'acide iodhydrique ; de Friedel sur la combinaison de l'oxyde de méthyle avec l'acide chlorhydrique, etc.

En ce qui concerne la vapeur d'iode, le fait de sa dissociation est prouvé, non seulement par l'affaiblissement graduel de sa densité avec l'augmentation de température et la diminution de pression jusqu'à ce que l'on ait $\dfrac{Dt}{D} = \dfrac{1}{2}$ [1], mais encore par les recherches de M. Salet. « Si, dit ce savant, le spectre est caractéristique de l'espèce chimique, comme tout tend à le faire croire, l'iode qui donne un spectre cannelé est une autre espèce chimique que celui qui donne un spectre

[1] Avec de faibles tensions, et à des températures comprises entre 1400° et 1520°, la densité de vapeur de l'iode devient égale à la *moitié* de la densité normale.

do lignes ; les molécules de ces deux iodes diffèrent.
Or, il est possible de prouver que ce changement de
spectre s'effectue précisément à la température où,
selon Crafts et Meïer, I^2 se décompose peu à peu en
$I + I$. » De plus, M. Salet a observé qu'à ces températures élevées, la vapeur d'iode devient presque incó-
lore, sous une épaisseur de plus de deux centimètres.
« Nul doute, ajoute-t-il, qu'on n'ait alors affaire à un
gaz contenant presque uniquement des molécules I et
différant ainsi, non pas seulement par sa densité, mais
encore par une propriété physique bien tranchée de la
vapeur violette, à laquelle, depuis Gerhardt, on attri-
buait la formule I^2 (1). »

S'il en est ainsi, il ne paraîtra pas extraordinaire que
pour quelques radicaux univalents, cet état de liberté
puisse exister à des températures relativement peu élevées, 130° par exemple, pour AzO^2 (*azotyle* ou *peroxyde d'azote*), et même à la température ordinaire, ainsi
qu'on l'observe pour le *bioxyde d'azote* ou *nitrosyle* AzO.

Mais faut-il admettre comme le font certains chimistes, entre autres Lothar Meyer, que ces radicaux, simples ou composés, existent avec leurs atomicités libres,
disponibles ? — On remarque, à cet égard, de singu-
lières contradictions chez les auteurs. Les radicaux
univalents libres, tels que AzO, AzO^2, sont représentés dans leurs formules développées avec une valence
libre. On ne pouvait faire autrement, du reste, sans
l'application des valences fractionnées, et la logique
voulait que les radicaux bivalents, tétravalents, qui
pouvaient exister à l'état de liberté, fussent eux-mêmes
représentés avec deux ou quatre valences disponibles.
C'est bien ce qu'on a fait pendant un certain temps ;
mais aujourd'hui, la plupart des auteurs, pour ne pas
dire tous les auteurs formulent, par xemple, l'*éthylène*

(1) *Dictionnaire de chimie pure et appliquée* de Vürtz. Supplément p. 621.

et l'*acétylène*, comme des molécules complètes, par saturation intramoléculaire, ainsi qu'on le voit ci-dessous :

$$C = H^2 \atop C^2 = H \Big\} = (C^2H^4) \qquad HC \equiv CH = (C^2H^2)$$

Ethylène
(Ethène)
Acétylène
(Ethine)

Assez fréquemment, l'*anhydride sulfureux* ou *sulfuryle* (SO²)'' est formulé :

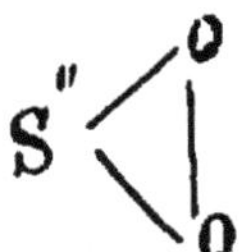

c'est-à-dire comme une molécule saturée ; tandis que l'*oxyde de carbone* ou *carbonyle* (CO) reste forcément bivalent (= CO), d'après la théorie ordinaire de l'atomicité. Il y a donc dans la notation actuelle de ces corps, comme nous le disions plus haut, une évidente contradiction, ou mieux, un manque absolu d'unité de vues, une véritable anomalie. Mais notons que toutes les fois que la chose est possible, ces divers radicaux libres sont aujourd'hui formulés et considérés avec raison comme des molécules saturées. C'est, qu'en effet, pour qu'un corps soit en équilibre, c'est-à-dire stable, dans les conditions où on l'envisage, il faut que les valences de ses atomes constitutifs, soient satisfaites.

La notion des valences fractionnées et des sous-atomes intervient précisément ici pour montrer comment peut s'effectuer cette saturation interne des radicaux, qui sont des *molécules* à la température ordinaire, ou de ceux qui peuvent devenir des *molécules*, sous l'action d'une chaleur suffisamment intense. Et ce qui est vrai pour un radical quelconque, simple ou composé, univalent ou polyvalent, ne peut pas ne pas l'être pour tous les autres radicaux.

On pourrait donc admettre que le *byoxyde d'azote* AzO, a la constitution exprimée par l'une des formules données précédemment (p. 19 et 35).

Le *peroxyde d'azote* ou *azotyle* AzO^2 serait :

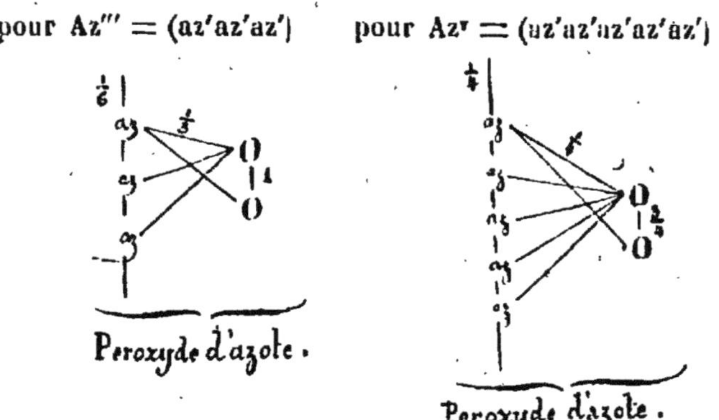

Le radical *méthyle* (CH^3) deviendrait à très haute température une molécule = 2 volumes, ayant la constitution indiquée précédemment (v. p. 37).

De même, aux températures élevées, la molécule *monoatomique* d'iode ($I = 2$ volumes) ne serait pas I —, mais bien

$$I = i \overset{\frac{1}{2}}{—} i \ (\textit{molécule saturée}),$$

et il en serait ainsi pour tous les radicaux simples univalents, à l'état de liberté.

Au cas où les radicaux simples, rendus libres par l'effet d'une très haute température, seraient bivalents,

leurs sous-atomes univalents se satureraient réciproquement :

$$R'' = r' - r' \quad (\textit{molécule saturée})$$

Une saturation analogue entre les sous-atomes aurait
lieu pour les radicaux d'une valence supérieure, quand
ils deviennent des molécules, c'est-à-dire libres.

Mais une difficulté se présente pour le mercure, par
exemple, dont l'atome et la molécule ne font qu'un.
On ne peut guère regarder l'atome bivalent de ce corps
comme formé de deux sous-atomes, puisque cet atome
ou molécule Hg paraît se comporter comme une masse
solide unique (v. p. 20). Lorsqu'on réduit en vapeur le
calomel Hg^2Cl^2, on admet que cette molécule se décompose d'après l'équation :

$$(1) \qquad Hg^2\,Cl^2 = Hg\,Cl^2 + Hg''$$

Calomel   Chlorure   Mercure
(Chlorure   mercu-
mercureux).   rique

L'atome ou la molécule de mercure qui prend ainsi
naissance et qui coexiste à côté de la molécule de
sublimé corrosif (chlorure mercurique) a-t-il donc ses
valences libres ($-\,Hg\,-$) ? C'est ce que l'on suppose
généralement, de même que l'on envisage le carbone
comme à demi saturé seulement dans le *carbonyle* ou
oxyde de carbone ($-\,CO\,-$).

Cependant le sentiment de quelques auteurs, avant
même que le fractionnement de la valence fût imaginé,
était que les deux atomicités restantes du carbone dans
l'oxyde de carbone devaient se saturer réciproquement,
ce qui est assurément plus conforme à l'idée que l'on
doit se faire d'une molécule libre. On a vu que la
théorie des valences fractionnées ainsi que l'hypothèse

des sous-atomes conduit, en définitive, au même résultat (v. p. 19 la formule de l'oxyde de carbone).

En ce qui concerne l'atome de mercure Hg, si l'on doit écarter la supposition des sous-atomes, il est un fait incontestable, c'est que cette molécule ou atome présente *deux* centres d'attraction, comme le carbone en présente *quatre*, et puisqu'on a pu admettre que dans CO deux des centres d'attraction ou valences de C^{IV} se neutralisent mutuellement, rien n'empêche de penser qu'il en soit de même dans l'atome Hg″, qui devient

— Hg — (molécule saturée)

Cette autosaturation intramoléculaire ou intraatomique, dans l'espèce, que d'aucuns pourront trouver étrange, l'est cependant moins que la manière dont se comporte le chlorure mercureux quand on le gazéifie. On ne s'explique, en effet, ni pourquoi ni comment, dans la décomposition de la molécule Hg^2Cl^2, l'un des deux atomes de mercure, qui est en tout semblable à l'autre, a le privilège de s'emparer detout le chlore, au lieu d'en laisser la moitié à son congénère, de façon à avoir :

$$\text{(II)} \qquad Hg^2Cl^2 = HgCl + HgCl \ .$$

On doit pourtant admettre la dissociation de la vapeur de calomel, telle que l'indique l'équation (I), non pas uniquement pour sauvegarder la règle d'Avogadro, mais parce que les expériences d'Erlenmeyer et d'Odling ont prouvé qu'il en est réellement ainsi. On savait déjà d'ailleurs que le calomel subit la même décomposition sous l'influence de la lumière.

Au surplus, si notre esprit ne saisit pas toujours le *parce que* des choses, il faut néanmoins s'incliner devant certaines déductions que la logique et l'expérience ne viennent pas contredire ; et même lorsque le raisonnement ne parvient pas à rendre compte de certains phénomènes bien observés, il ne suffit pas de les enregistrer, il convient encore d'en poursuivre toutes les conséquences. Nous rappellerons, à cet égard, certains résultats auxquels a conduit, dans ces dernières années, l'étude de la théorie des solutions, résultats remarquables, mais singuliers et qu'il est vraiment difficile de s'expliquer, à savoir : que les sels, les alcalis et les acides minéraux forts, en solution très étendue, se trouvent entièrement dissociés en leurs *ions*. Les faits expérimentaux viennent cependant à l'appui de cette idée, mise en avant par Arrhénius, Ostwald, etc. Tout au moins on peut dire que, dans les cas de grande dilution, les choses se passent comme si les ions de ces divers composés étaient séparés et indépendants.

A priori, il paraît invraisemblable que, dans une solution très diluée de chlorure de potassium, par exemple, il n'y ait que des atomes de chlore libre et de potassium libre, ces deux corps ayant l'un pour l'autre une très grande affinité. D'autre part, on ne se rend pas compte de l'inertie, en présence de l'eau, du potassium qui, en temps ordinaire, donne avec ce liquide de l'hydrate de potassium et un dégagement d'hydrogène.

Arrhénius et Ostwald admettent un état particulier pour ces ions séparés, qui ne seraient nullement comparables aux éléments libres, les charges considérables d'électricités de noms contraires dont ils sont pourvus modifiant complètement leurs caractères chimiques. C'est une explication sans doute, mais combien vague, peu précise ; avec la meilleure volonté possible, on ne saurait s'en contenter. Il faut néanmoins accepter le fait de la dissociation dont il s'agit, parce qu'il apparaît, ainsi que le fait remarquer Schützenberger, comme une déduction légitime, une conséquence qui découle de ce que, pour les solutions très diluées des corps en question, la conductibilité moléculaire électrique, l'abaissement moléculaire du point de congélation de l'eau, l'abaissement moléculaire de la tension de vapeur d'eau, la pression osmotique, deviennent respectivement égales aux sommes des conductibilités électriques, des abaissements de la tension de la vapeur d'eau, ou enfin aux sommes des pressions osmotiques, propres aux ions constitutifs (1).

IV

La manière, dont nous avons formulé la constitution des corps, pourra paraître singulière au premier abord ; elle n'est cependant pas aussi fantaisiste qu'on pourrait le supposer. L'examen de l'idée principale qui a présidé à sa conception dissipera peut-être les préventions qui pourraient s'élever contre elle. Dans tous les cas, la genèse de cette idée mérite d'être exposée ; on verra ensuite s'il convient d'accorder quelque crédit au mode représentatif des molécules, que l'on vient de faire connaître.

On démontre en stéréochimie, par deux méthodes bien distinctes, s'appuyant : l'une sur l'*isomérie*, l'autre sur le *pouvoir rotatoire*, que la molécule du *méthane* et, en général, les molécules à un atome de carbone, ont pour forme géométrique dans l'espace, un *tetraèdre régulier* dont le centre est occupé par l'atome de carbone et les quatre sommets par l'hydrogène ou par des radicaux monovalents (2). Le fait paraît parfaitement

(1) Schützenberger. *Traité de chimie générale.* T. VII.
(2) Il n'y a que le méthane ou ses dérivés dont les quatre atomes d'hydrogène sont remplacés par quatre radicaux semblables qui présentent la forme régulière ; une substitution faite par un reste ou radical quelconque altère la forme tétraédrique, mais cette altération est telle que le corps ainsi formé conserve toujours au moins trois plans de symétrie.

établi, et les travaux de M. Guye sont venus confirmer dans une très large mesure la théorie du carbone tétraédrique de MM. Le Bel et Van't Hoff.

Il est bon de remarquer que les angles solides du tétraèdre régulier, par lequel on schématise la molécule des corps en question, représentent simplement les directions d'attraction et que les lignes qui constituent la figure dans l'espace ne sont là que pour indiquer ces angles solides ou sommets.

Ceci posé, on peut se demander en vertu de quelle puissance les atomes d'hydrogène du méthane se groupent symétriquement autour de l'atome de carbone, de telle sorte que les plans extérieurs passant par ces atomes d'hydrogène constituent quatre faces triangulaires équilatérales, également inclinées entre elles sous un angle dièdre de 70° 31′ 44″, en un mot, que les centres de gravité des quatre atomes d'hydrogène constituent les sommets d'un tétraèdre régulier.

C'est à l'attraction atomique du carbone, c'est à sa quadrivalence, dit-on, qu'il faut attribuer la forme architecturale de la molécule élémentaire du méthane, et l'on se tient pour satisfait ; on n'est jamais allé plus loin.

A notre avis cela n'est pas suffisant. Evidemment, cette propriété de l'élément carbone, sa tétratomicité, est une des causes efficientes du phénomène ; mais elle n'est pas la seule, car elle ne peut expliquer pourquoi les atomes d'hydrogène prennent les positions relatives ci-dessus.

En effet, la valence ou atomicité s'exerce dans tous les sens, rayonne dans toutes les directions et normalement à la surface de l'atome de carbone que nous supposons sphérique ; il n'y a donc jusqu'ici aucune raison pour que la molécule de méthane prenne la forme tétraédrique régulière plutôt que telle ou telle autre forme tétraèdrique ou autre et dans laquelle l'équidislance des atomes d'hydrogène à l'atome de carbone serait respectée.

Il ne faut pas qu'on vienne nous objecter que les considérations sur l'isomérie et le pouvoir rotatoire des dérivés du méthane prouvent que c'est la *seule structure* que puisse affecter la molécule de ce corps. Nous le savons, et nous acceptons la théorie du carbone tétraédrique, puisque justement nous nous appuyons sur elle ; mais les propriétés isomériques et optiques, que l'on constate chez les dérivés du méthane, sont précisément les effets, les conséquences de la forme tétraédrique, et c'est en se basant sur ces résultats, que l'on a été amené à concevoir cette figure dans l'espace comme étant celle du méthane. La question n'est donc pas là ; nous posons le *pourquoi* de cette forme ; nous en recherchons le *parce que*, et nous disons que la quadrivalence du carbone ainsi que l'équivalence de ses quatre atomicités sont impuissantes, à elles seules, à nous répondre d'une façon satisfaisante.

La solution sera tout autre si nous faisons intervenir les valences fractionnées ainsi que les sous-atomes, et si nous accordons à l'hydrogène une part plus effective dans la construction de la molécule tétraédrique CH^4 (*méthane*).

Pour rendre la chose plus concrète, représentons les quatre valences du carbone par des barres rigides, portant à l'une de leurs extrémités les atomes d'hydrogène. Comment ces barres pourront-elles se maintenir en équilibre fixées par l'autre extrémité sur l'atome de carbone ? Nous ne le comprenons pas, nous n'en saisissons pas la raison ; ces barres pourront effectivement glisser à chaque instant sur la surface de l'atome de carbone et partant l'hydrogène se déplacera continuellement de la position primitive, en admettant que celle-ci soit celle qui convient à un tétraèdre régulier, si bien que la molécule du méthane se déformera incessamment.

Si, au contraire, employant une comparaison vul-
gaire, que tout le monde peut comprendre, nous ima-
ginons ces barres maintenues dans des positions con-
venables par trois cordages attachés au bout de chacune
d'elles, c'est-à-dire à un atome d'hydrogène H, à la façon
d'un mât que l'on peut fixer sur un point du globe sans qu'il
soit nécessaire de l'y enfoncer, nous concevrons facilement qu'une pareille molécule puisse être en équilibre.
Il faut remarquer que la comparaison n'est exacte qu'à
cela près que les autres extrémités des cordages qui,
dans le cas d'un mât dressé sur terre, sont attachées à
d'autres points du globe lui-même, ne sont pas ici fixées
sur l'atome de carbone, mais bien sur des points maté-
riels qui ne sont autres que les atomes d'hydrogène
restants de la molécule.

Eh bien! ces cordages, ces câbles supposés, représentent ici les fractions d'atomicités échangées entre les
atomes d'hydrogène, et les plans passant par ces arêtes
fictives forment trois à trois les quatre angles trièdres
du solide. Ainsi s'explique la possibilité de sa régula-
rité. Ce sont les fractions de valences échangées entre
les quatre atomes d'hydrogène qui maintiennent ces
atomes à égale distance les uns des autres et deux à
deux dans des plans perpendiculaires. Supprimez ces
liens, le moins qu'ils puissent faire, c'est de s'écarter
ou de se rapprocher davantage deux à deux tout en
restant dans leurs plans primitifs; ils peuvent même
changer complètement leurs positions respectives, et il
résultera de ces déplacements des tétraèdres plus ou
moins irréguliers. Enfin, rien ne s'oppose à ce que ces
atomes d'hydrogène se mettent sur un même plan, en
formant un carré ou un rectangle, l'atome de carbone
se trouvant en dehors de ce plan et à égale distance de
chacun des H, disposition qui conduirait à représenter
la molécule du méthane dans l'espace par une pyramide régulière à base carrée ou à base rectangulaire.

Or, nous savons pertinemment qu'il n'en est pas ainsi, puisqu'il est démontré que la dite molécule a la forme tétraédrique régulière, et, dans ce qui précède, il nous semble bien que l'on trouve le *parce que* de cette figure dans l'espace.

Pour les besoins de notre démonstration, nous avons considéré les valences ou fractions de valences échangées comme des barres rigides ou comme des cordes fortement tendues, avons-nous besoin de dire que ce n'est là qu'une image? D'ailleurs, en stéréochimie, on suppose que les atomes sont, les uns par rapport aux autres, dans des positions déterminées, fixes; car s'ils étaient doués d'une mobilité telle qu'ils pussent occuper à chaque instant des situations différentes, on ne s'expliquerait pas comment il pourrait exister des corps renfermant les mêmes éléments, unis dans les mêmes proportions et jouissant de propriétés différentes; ce serait la négation de l'isomérie. Il faut donc admettre une immobilité relative des atomes, c'est-à-dire que leurs mouvements de vibration et de translation s'effectuent dans de certaines limites; dans tous les cas, ils sont astreints, au bout d'une période donnée, à passer par une position moyenne déterminée, ce qui fait qu'au point de vue des déductions, on peut les envisager comme étant au repos.

Mais, pour en revenir au méthane, comment pourra-t-on représenter sa molécule d'après le principe ci-dessus, autrement dit, comment reliera-t-on les atomes d'hydrogène entre eux, tout en satisfaisant à la loi de saturation? — D'une manière très simple, en faisant $C^{iv} = (c'\ c'\ c'\ c')$, comme l'indique la figure suivante, qui représente le tétraèdre projeté sur un plan :

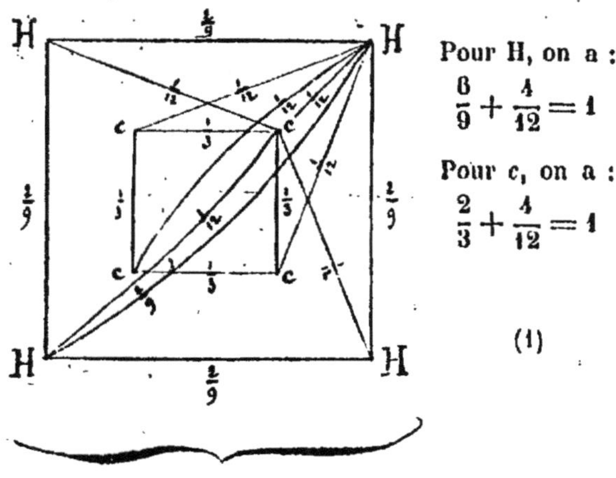

Pour H, on a :
$$\frac{8}{9} + \frac{4}{12} = 1$$

Pour c, on a :
$$\frac{2}{3} + \frac{4}{12} = 1$$

(1)

Molécule tétraédrique du méthane projetée sur un plan.

Les formules, par lesquelles on schématise ordinairement le méthane et ses dérivés de substitution, tant dans l'espace que sur un plan, nous paraissent donc incomplètes et inexactes ; car, comme on est dans l'habitude de le penser et de le dire, elles indiquent seulement l'attraction exercée par l'atome de carbone sur les atomes d'hydrogène ou sur les restes substitués ; tandis que, selon nous, indépendamment de cette attraction, que nous fractionnons d'ailleurs entre les sous-atomes de carbone, des échanges de fractions de valences ont lieu aussi entre les atomes d'hydrogène ou les groupes remplaçants.

C'est là le point de vue nouveau que nous venons de développer. Et si les choses se passent ainsi pour le méthane et ses dérivés, il en est de même sans doute pour toutes les molécules susceptibles d'être représen-

(1) Cette figure montre la saturation d'un seul H et d'un seul c'.

tées dans l'espace, à cela près, bien entendu, que les formes géométriques peuvent être différentes.

Bien plus, nous estimons que tous les atomes constitutifs d'un composé quelconque sont reliés les uns aux autres d'une manière intime, de façon telle que toutes les parties de ce corps soient maintenues dans des positions déterminées, formant un ensemble qui vibre solidairement. Nous voulons dire qu'aucun de ces atomes n'est fixé au reste de la molécule par une ou des valences émanant d'un seul autre atome, auquel cas le premier pourrait occuper autour du second toutes les positions possibles, en se maintenant toutefois à la même distance, ce qui exclurait naturellement toute idée de stabilité relative vis-à-vis des autres éléments et partant toute conception de stabilité de la molécule elle-même.

Faut-il faire une exception pour les corps formés de deux atomes seulement, tels que Na Cl, H Br, etc. ; molécules dont la forme dans l'espace serait à peu près linéaire ? — Peut-être ; cependant on pourrait aussi admettre, comme on l'a fait remarquer précédemment, que la molécule de chlorure de sodium, par exemple, au lieu d'être linéaire, est cyclique, cela en faisant

$$Na' = \left(na^{\frac{1}{2}} \, na^{\frac{1}{2}}\right) \text{ et } Cl' = \left(cl^{\frac{1}{2}} \, cl^{\frac{1}{2}}\right) \text{ On aurait alors :}$$

Chlorure de sodium

Pour les molécules à trois atomes, la chose est simple.

Soit Ba″Cl² (chlorure de baryum), par exemple ; la molécule de ce corps ne serait pas

$$Cl — Ba″ — Cl,$$

mais bien :

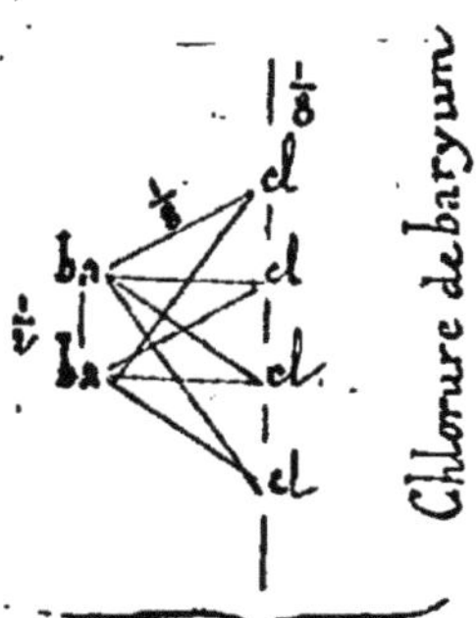

Mais les moyens de contrôle font défaut jusqu'à présent pour ces molécules, et nous ne procédons ici que par induction. Nous ne savons rien d'ailleurs de la forme qu'affectent ces molécules dans l'espace.

Il en sera autrement si nous considérons l'ammoniaque Az H³, molécule à quatre atomes ; car on possède quelques faits relatifs à la structure stéréochimique de l'azote ou plutôt des composés azotés.

Hantzsh et Werner ont admis que, dans certains composés azotés, les *nitriles*, par exemple, les trois valences (les trois directions de la capacité de combinaison de Az‴) ne sont pas dans un même plan. Mais cette conception n'est pas d'accord avec les faits expérimentaux. En effet, d'après la théorie des chimistes précités, les amines secondaires ou tertiaires formées de radicaux différents, devraient agir sur la lumière polarisée ; car elles ne possèdent pas de plan de symétrie, comme il est facile de le voir pour la méthyléthylamine, par exemple :

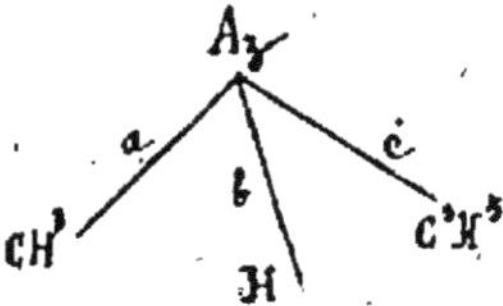

Méthyléthylamine

Or, les recherches tentées d'une part par M. Le Bel, d'autre part par M. Kraft pour dédoubler les racémiques, qui auraient pu se former synthétiquement dans la préparation de ces composés, n'ont donné que des résultats négatifs. Les trois valences de l'azote sont donc dans un même plan, et de plus, elles sont équivalentes, sans quoi l'on aurait des isomères, suivant que ce serait la valence a, b, ou c qui serait saturée par le même radical ; ce qui est contraire aux faits.

Par conséquent, on peut représenter l'ammoniaque ou une amine primaire, secondaire ou tertiaire par le schéma suivant :

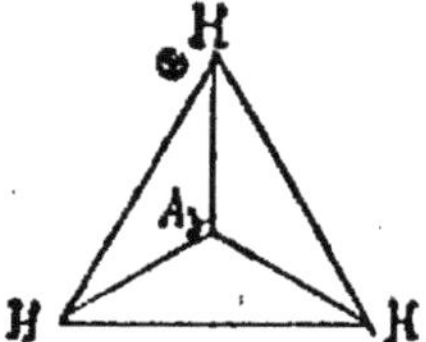

c'est-à-dire que les trois directions d'attraction de l'atome d'azote forment les médianes d'un triangle

équilatéral, dont le point d'intersection est occupé par
le centre de gravité de cet atome : Telle serait la forme
stéréochimique de l'azote trivalent.

Et pour que les atomes d'hydrogène soient ainsi
maintenus dans leurs positions respectives autour de
l'atome d'azote, il faut nécessairement qu'ils échangent
entre eux des fractions de valences, comme l'indique la
figure ci-dessous :

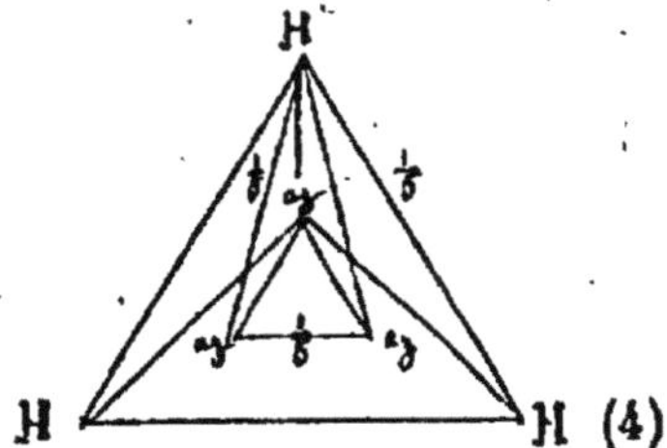

C'est la traduction stéréochimique de la formule donnée précédemment pour l'ammoniaque (v. p. 34).

On pourrait aussi de la même manière schématiser
l'ammoniaque et les composés analogues, en faisant
l'azote pentavalent ; il n'y aurait qu'à mettre sous forme
stéréochimique la formule correspondante de la page 34
(2° formule.)

Il faut remarquer toutefois que lorsque l'azote manifeste *extérieurement*, dirons-nous, sa quintivalence,
comme dans le chlorure d'ammonium et les sels d'ammoniums quaternaires, les recherches de M. Le Bel ont
conduit à envisager les édifices moléculaires auxquels
il donne naissance, comme occupant les trois dimensions de l'espace. Les sels d'ammoniums quaternaires à
quatre radicaux différents possèdent, en effet, le pouvoir rotatoire, ce qui ne saurait avoir lieu si les centres
de gravité des atomes constitutifs étaient dans un même
plan ; car celui-ci serait plan de symétrie.

(1) On a figuré seulement l'échange des fractions d'atomicités pour un
H et pour un az.

Les centres de gravité des atomes ou groupes d'atomes unis à l'azote pentavalent, étant reliés deux à deux, forment donc une figure occupant les trois dimensions de l'espace.

Cette molécule possède au moins un plan de symétrie quand elle contient deux ou plusieurs radicaux semblables, car, s'il en était autrement, les dérivés monosubstitués du chlorure d'ammonium pourraient agir sur la lumière polarisée. Or, on sait qu'il n'en est rien.

On est ainsi amené à considérer le chlorure d'ammonium AzH^4Cl, ou les sels d'ammoniums quaternaires comme ayant dans l'espace la forme d'un *hexaèdre régulier*, au centre duquel se trouve le centre de gravité de l'atome d'azote :

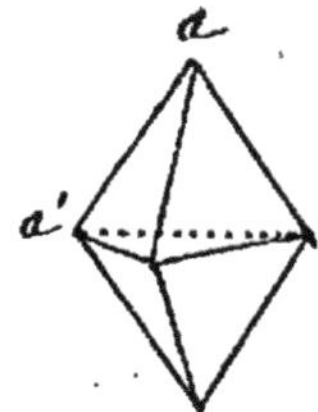

Mais voici une difficulté qui se présente : Si telle est réellement la forme du chlorure d'ammonium, ce corps devrait pouvoir exister sous deux formes stéréochimiques, suivant que le chlore serait au sommet d'un angle trièdre, en *a*, ou au sommet d'un angle tétraèdre, en *a'*, par exemple. Or, il n'existe pas ou du moins on ne connaît pas d'isomère du chlorure d'ammonium.

Les chlorures d'ammoniums primaires, secondaires et tertiaires devraient aussi pouvoir s'obtenir sous des formes isomères : l'une, en combinant l'acide chlorhydrique avec la base primaire, secondaire ou tertiaire ; l'autre, en faisant réagir les éthers chlorhydriques sur l'ammoniaque, la base primaire ou secondaire. Eh bien ! dans les deux cas, on produit des corps identiques. Il y a là une sorte d'anomalie que l'on ne peut expliquer qu'en admettant des transpositions moléculaires, phénomène qui s'observe d'ailleurs fréquemment avec les composés azotés.

On voit d'après cela que, contrairement à ce qui existe pour la structure stéréochimique du carbone, il règne beaucoup d'incertitude sur celle de l'azote, ce qui tient évidemment à la grande mobilité de l'édifice moléculaire construit autour de l'atome de cet élément.

Mais, en résumé, quelle que soit la forme architecturale dans l'espace, ou la figure sur un plan, des molécules renfermant de l'azote, il faut toujours, et c'est là où nous voulions en venir, il faut toujours, disons-nous, il est indispensable, que les atomes ou groupes d'atomes rangés autour de l'atome Az exercent des attractions, non seulement sur cet atome et réciproquement, mais encore qu'ils échangent entre eux des fractions de valences qui concourent puissamment à les maintenir dans des positions stables. C'est l'idée que nous avons exprimée dans les formules que nous avons données précédemment, sans nous préoccuper toujours et dans tous les cas de la forme stéréochimique des molécules, par la raison que nos connaissances sur ce point sont encore bien restreintes, quoiqu'on puisse dire qu'à cet égard la chimie organique est plus avancée que la chimie minérale.

Pour ce qui est des valences ou fractions de valences, que nous avons fait figurer dans nos formules, il est bien évident qu'il y a là un certain degré d'arbitraire. On comprendra que nous ne puissions pas préciser davantage, car, comme on l'a déjà dit, nous ne sommes pas suffisamment renseignés sur cette force spéciale, que l'on appelle *attraction atomique*, que nous ne connaissons que par ses manifestations extérieures et apparentes. Quelle est-elle cette force ? Est-elle de nature électrique ? — C'est possible, mais nous ne pouvons rien affirmer. Dans tous les cas, il est probable que c'est

une forme de l'attraction universelle, et comme hypothèse, aussi légitime qu'elle.

Il importe de remarquer que tout ce qui vient d'être
dit se rapporte aux molécules vraies, aux grandeurs moléculaires exactes et non aux cristaux élémentaires des corps
susceptibles d'affecter une forme géométrique régulière.

Revenons au chlorure de sodium Na Cl, par exemple.
Il est très probable, comme l'a déjà fait observer
Wurtz, que ce sel possède une densité gazeuse qui con-
firmerait la formule Na Cl adoptée pour la molécule ;
mais il est certain, d'un autre côté, que la plus petite
quantité de chlorure de sodium cristallisé qui puisse
exister, ou, en d'autres termes, qu'un cristal élémentaire de sel marin renferme plusieurs molécules Na Cl.
On a déjà dit qu'une seule molécule serait linéaire dans
l'espace et ne saurait former un solide à trois dimensions. En supposant que les atomes de chlore et de
sodium occupent les sommets du cube élémentaire, il
faudrait au moins quatre molécules pour former un tel
cristal. Il est donc entendu que les corps cristallisés
peuvent être formés par une agrégation de molécules.
Mais comment se fait cette agrégation ? — Elle a lieu,
dit-on, en vertu d'une attraction spéciale, due à une
force supposée qu'on a appelée *cohésion*. On explique
donc le phénomène en question par un simple mot,
c'est-à-dire que l'on n'explique rien du tout.

La théorie de la valence fractionnée permet, au contraire, de se rendre compte d'une façon très simple de cette
union des molécules, comme le montre la figure que voici :

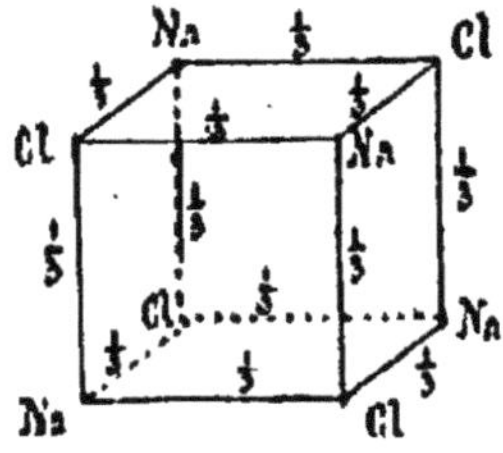

Là encore, comme on voit, aussi bien que pour les molécules élémentaires, c'est l'attraction atomique qui nous paraît jouer le rôle le plus important ; elle commande probablement la forme cristalline des corps. Mais c'est là un point de vue qui a besoin de développements spéciaux et que nous ne pouvons qu'effleurer ici. Quant à la force dite de cohésion, nous y reviendrons un peu plus loin.

V

Nous avons montré jusqu'ici les applications que l'on peut faire, d'une manière aussi large que possible, d'abord du principe de la divisibilité de la valence seul, puis ensuite de ce principe, aidé de l'hypothèse des sous-atomes. Nous avons discuté certaines propositions, en montrant les conséquences qu'entraîne leur acceptation, et si, chemin faisant, aucune conclusion ferme n'a été formulée sur la plupart des points qui ont été envisagés, on a pu voir néanmoins que notre sentiment s'est manifesté parfois assez clairement dans le cours de cette étude.

Chacun comprendra, du reste, que nous sommes ici sur un terrain semé d'hypothèses où l'on rencontre de ces sujets délicats sur lesquels, selon l'expression de Dumas, on court toujours le risque d'en dire trop quelque peu qu'on en dise. A prendre au pied de la lettre cette sorte de sentence, on ne gagnerait jamais rien, et nous estimons que l'illustre savant, dont nous venons de rapporter les paroles, a voulu dire simplement qu'en pareille matière, il est impossible d'avoir une opinion définitivement arrêtée et que là, plus que partout ailleurs, la prudence et la plus grande réserve sont rigoureusement commandées.

Nous nous garderons bien de négliger ce sage conseil ; aussi tenons-nous à avertir, une fois pour toutes, que nos appréciations doivent être considérées comme imprégnées de ce sentiment de réserve et de restriction qui est de mise nécessaire dans les spéculations de cette nature.

Après toutes les considérations qui viennent d'être développées, il faut revenir à la question posée au début : *Doit-on admettre l'atomicité absolue des éléments ?* — Rien n'autorise, disons-le tout de suite, à tirer une pareille conclusion de ce qui précède. Si, grâce aux artifices que nous avons fait connaître, on peut formuler les composés où se trouvent des éléments à valence variable, en adoptant pour ces éléments une valence soi-disant invariable (P''' ou Az''', par exemple), on peut également représenter ces mêmes composés avec autant de correction, dans le même système, en attribuant aux éléments en question une autre valence (P^v ou Az_v), qui pourra dès lors être considérée aussi comme absolue. Et s'il fallait faire un choix entre ces deux chiffres 3 et 5, il conviendrait de donner la préférence au dernier, c'est-à-dire à celui qui exprime l'atomicité maximum. Mais, en réalité, on n'a pas le droit d'adopter l'un à l'exclusion de l'autre.

L'atomicité, comme on l'a dit plus haut, est forcément liée aux questions stœchiométriques, nous voulons dire qu'elle est en relation simple avec les quantités des corps qui se combinent ou se remplacent dans les combinaisons, et aussi longtemps que l'on envisagera cette propriété des corps comme mesurée par le rapport du poids atomique au poids équivalent, on ne pourra admettre un nombre invariable pour la représenter.

En effet, considérons le phosphore, par exemple : ce corps est évidemment trivalent dans PH^3 et dans PCl^3. Supposons qu'il ait la même valence dans PCl^5 ; c'est une opinion qui a été soutenue pendant un certain temps, en s'appuyant sur ce fait que le perchlorure de phosphore est décomposé, quand on le réduit en vapeur, en PCl³ + Cl² et que cette combinaison passait alors pour un produit d'addition moléculaire. Dans cette hypothèse, on ne peut expliquer sa transformation en oxychlorure, par exemple, que par un déplacement, une migration des atomes :

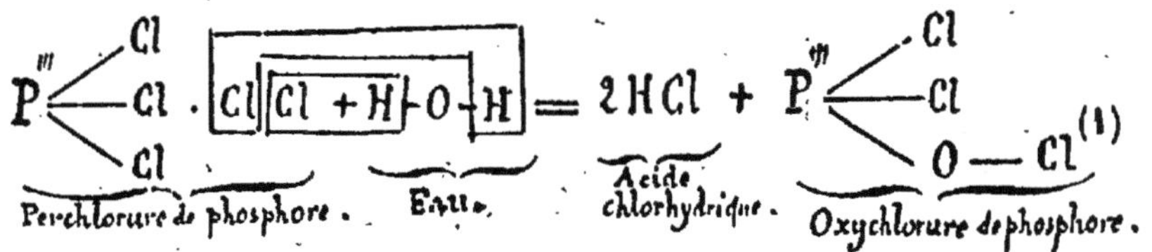

C'est la constitution que Menschutkine ainsi que Wichelhaus attribuaient à l'oxychlorure de phosphore ; mais une telle formule est inadmissible ; elle n'est nullement en rapport avec les propriétés de ce corps. L'action de l'eau continuant sur la molécule ainsi faite, on aurait de l'acide phosphorique, pour lequel on serait conduit à une formule également inadmissible.

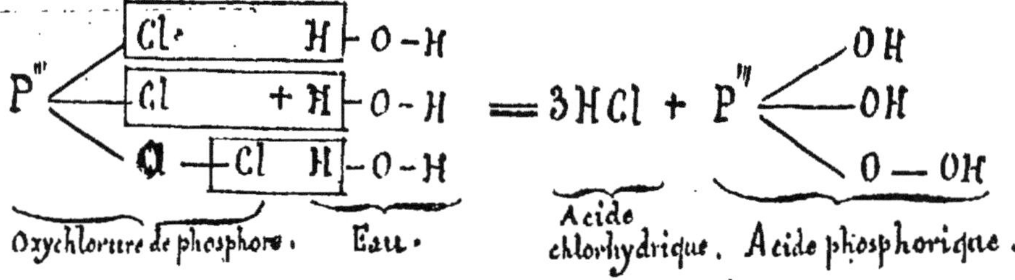

Si, au contraire, nous envisageons le phosphore comme pentavalent dans PCl⁵, la formation de l'oxy-

(1) L'oxychlorure de phosphore peut se réduire en vapeur sans décomposition, et son poids moléculaire se déduit de sa densité gazeuse. On doit donc le considérer comme formé d'une chaîne d'atomes.

chlorure POCl³ s'explique très facilement par la substitution de 1 atome O à 2 atomes Cl² :

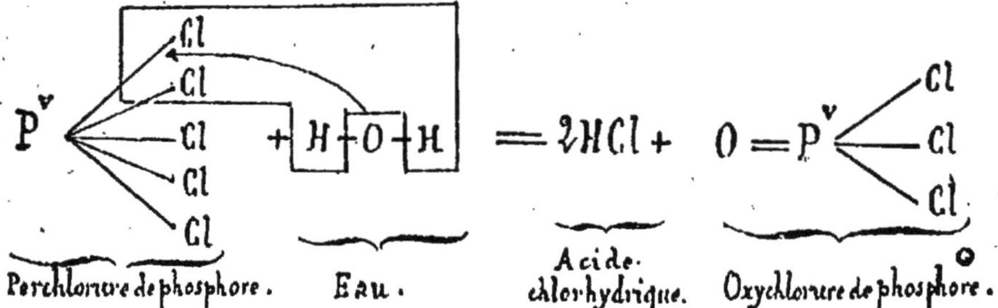

Et pour l'acide phosphorique on a :

La réaction finale de l'eau sur le perchlorure de phosphore est donc exprimée par l'équation suivante :

$$PCl^5 + 4\ H^2O = 5\ HCl + PO^4\ H^3$$

réaction dans laquelle on voit qu'un atome de phosphore (= 31) se substitue à cinq atomes H (= 5). Son
véritable équivalent est donc ici $\frac{31}{5}$. De même, dans
l'action de l'eau sur le trichlorure PCl³, un atome P
(= 31) remplace trois atomes H (= 3); l'équivalent du
phosphore est, par suite, dans ce dernier cas, $\frac{31}{3}$. Or,
il ne faut pas oublier que la valeur de substitution et

la valeur de combinaison sont deux choses corrélatives : l'une mesure l'autre, et ces deux notions sont exprimées par le mot *atomicité* ou *valence*.

En somme, le phosphore est tantôt trivalent, tantôt pentavalent, quoi qu'on dise et quoi qu'on fasse ; c'est une question de poids. Et que l'on ne vienne pas à nouveau invoquer la constitution bimoléculaire de PCl^5 ; il est aujourd'hui démontré que cette opinion est erronée. On sait que ce corps peut exister à l'état gazeux en présence des produits de son dédoublement et qu'alors sa densité est normale et correspond à deux volumes. Le pentafluorure de phosphore PFl^5, qui est gazeux à la température ordinaire, a une densité répondant à deux volumes ; ce corps est donc constitué par une seule molécule, et il serait vraiment extraordinaire que son congénère, le pentachlorure ne fût pas dans le même cas.

L'exemple que l'on vient de citer pourrait suffire à lui seul pour montrer qu'il est impossible de considérer actuellement la valence des éléments comme une quantité invariable, cette notion étant en contradiction formelle avec les faits. Pour la faire accepter, il faudrait prouver que toutes les combinaisons, où les éléments manifestent une valence supérieure à celle dite normale, sont des produits d'addition moléculaire.

Or, en ce qui concerne le perchlorure de phosphore, on a vu que l'application de cette idée conduit à des résultats inadmissibles. D'ailleurs, même en écartant les nombreuses analogies qui existent de fait entre PCl^5 et $POCl^3$ ($POCl^3$ étant une combinaison atomique) l'existence du pentafluorure de phosphore PFl^5, composé qui est, à n'en pas douter, constitué par une chaîne d'atomes, met à néant l'hypothèse dont il s'agit.

Pour ce qui est de l'azote, cet élément est bien, lui aussi, trivalent-pentavalent ; trivalent dans AzH^3, pentavalent dans AzH^4Cl. Il est vrai que la molécule de ce dernier corps, soumise à l'action de la chaleur, se décompose et se partage en deux molécules plus simples :

$$\underset{}{Az H^4 Cl} = \underbrace{Az H^3}_{2\,vol.} + \underbrace{HCl}_{2\,vol.}$$

Toutefois cette dissociation n'entraîne nullement la nécessité d'admettre, pour ce composé, une constitution bimoléculaire, à la température ordinaire. Et si une pareille opinion nous était imposée, il faudrait renoncer à expliquer d'une façon satisfaisante la constitution des sels ammoniacaux ainsi que les grandes analogies physiques et chimiques qu'ils présentent avec les sels de sodium et de potassium. Mais allons plus loin. Prenons un sel d'ammonium quaternaire, l'*iodure de tétréthylammonium*, par exemple, $Az(C^2H^5)^4 I$, qui est l'analogue de l'iodure d'ammonium $AzH^4 I$. Si nous l'envisageons comme un composé bimoléculaire, formé par de la triéthylamine $Az(C^2H^5)^3$ et de l'iodure d'éthyle $C^2H^5 I$, nous devrons forcément regarder l'hydrate de tétréthylammonium $Az(C^2H^5)^4.OH$ comme un produit résultant de l'addition d'une molécule $Az(C^2H^5)^3$ (triéthylamine) et d'une molécule d'alcool $C^2H^6.OH$. Dans cette hypothèse, la décomposition de cet hydrate, à la température de l'eau bouillante, devrait fournir de l'alcool (*éthanol*) et non de l'éthylène (*éthène*). Or, l'expérience prouve que c'est ce dernier corps qui prend naissance d'après l'équation :

$$\underbrace{Az\left(C^2H^5\right)^4.OH}_{\substack{\text{Hydrate}\\ \text{de tétréthylammonium.}}} = \underbrace{Az\left(C^2H^5\right)^3}_{\text{Triéthylamine.}} + \underbrace{C^2H^4}_{\text{Éthylène.}} + \underbrace{H^2O}_{\text{Eau.}}$$

Il est évident qu'une pareille décomposition ne pourrait avoir lieu à si basse température, si l'hydrate de tétréthylammonium contenait de l'alcool.

Les sels et les hydrates d'ammoniums quaternaires sont donc bien des composés atomiques, dans lesquels l'azote est pentavalent.

En résumé, le phosphore et l'azote s'unissent parfois à cinq atomes ou à cinq groupes-monovalents : Voilà des faits, et ce sont ces faits que l'on exprime en disant que ces corps sont pentavalents.

Que le chlorure d'ammonium ait la constitution indiquée par les formules des pages 19 et 32 ; que le perchlorure de phosphore ait véritablement la structure suivante :

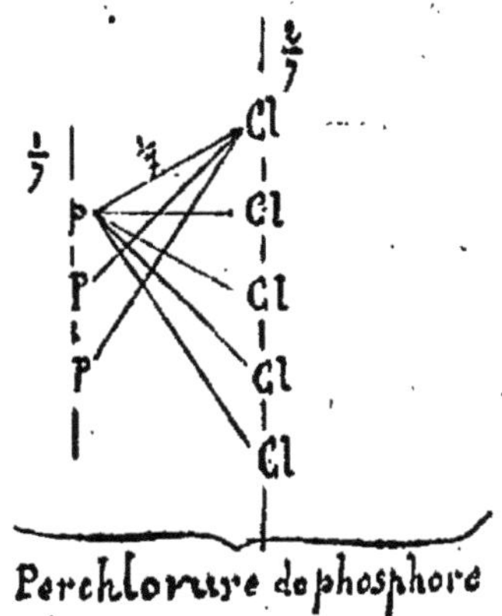

la chose est fort possible, quoique non prouvée jusqu'ici. Plaçons-nous donc dans le cas de cette hypothèse, et admettons pour un instant que les deux valences (supplémentaires) du phosphore, par exemple, n'émanent pas de ce corps et que la saturation par les cinq atomes de chlore se fasse comme le montre la formule ci-dessus. Que devient la notion de l'atomicité dans

ces conditions ? — Il est clair que si la conception géné
rale et primordiale de cette propriété reste la même, il
faudra cependant modifier sa définition et les procédés
de son évaluation, de sa mesure. On ne pourra plus la
définir : *le rapport du poids atomique d'un élément à son
poids équivalent*, puisque dans beaucoup de cas on
obtiendra des nombres différents. Prendra-t-on le plus
faible ? — Ce serait de l'arbitraire. On ne pourra plus
dire non plus que l'atomicité se mesure par le nombre
d'atomes d'hydrogène ou d'un élément analogue qu'un
corps donné est capable de fixer ou de remplacer. Quel
critérium choisira-t-on alors ? — Aura-t-on recours à la
capacité de combinaison des corps exclusivement avec
l'hydrogène, comme semble l'avoir fait M. Maurizot ?
— Ce sera parfait pour la plupart des métalloïdes,
mais, pour les métaux, il faudra chercher ailleurs.

On le voit, l'*atomicité absolue, immuable*, des éléments
ne cadre pas, ne peut pas cadrer avec les questions de
poids y relatives, ces poids n'étant pas eux-mêmes
invariables. C'est là un défaut grave, qui entraîne évidemment le rejet de l'idée en discussion, à moins que
l'on ne modifie la notion de l'atomicité, telle que nous
la concevons aujourd'hui. Peut-être faudra-t-il en arriver là.

Dans l'état actuel des choses, voici ce que nous pouvons dire :

Etant donnée l'hypothèse des sous-atomes, il faut,
dans un élément polyvalent, admettre autant de sous-
atomes qu'il y a d'unités dans le nombre qui exprime
son atomicité maximum: cinq pour l'azote, cinq pour le
phosphore, etc. ; car un atome d'azote, par exemple, est
en tout semblable à un autre atome d'azote. Par l'artifice que nous employons dans la notation (valences
fractionnées et échange de fractions de valences entre
les atomes II), nous pouvons bien, en effet, formuler

l'ammoniaque AzH^3, en faisant *l'azote pentavalent*, comme on le voit dans le schéma suivant :

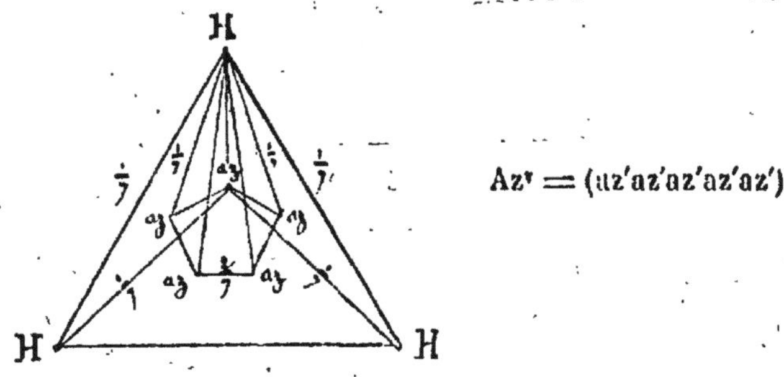

$$Az^v = (az'az'az'az'az')$$

Il n'en est pas moins vrai que *pratiquement, par ses manifestations extérieures,* peut-on dire, l'élément Az n'est en réalité que *trivalent,* dans certaines combinaisons, probablement comme on l'indique dans la formule ci-dessus de l'ammoniaque, par suite d'un échange de fractions de valences plus élevées entre ses sous-atomes. Doit-on en inférer qu'il y a une *atomicité absolue* pour l'azote, atomicité qui serait $= 5$ et non $= 3$, comme le veut M. Maurizot ? — Théoriquement c'est possible, mais en fait, non ; ce qui revient à dire que l'atomicité est variable pour certains éléments. Cette conclusion s'impose si l'on conserve de l'atomicité ou valence l'idée que l'on s'en fait aujourd'hui. Mais peut-être sera-t-on amené, comme nous le disions plus haut, à modifier les notions que nous possédons sur cette propriété des atomes. Déjà la divisibilité possible, on pourrait même dire certaine, de la valence, à laquelle on n'avait pas songé jusqu'à ces dernières années, permet d'expliquer d'une façon satisfaisante la constitution des sels doubles, des combinaisons dites moléculaires et le mode de fixation de l'eau de cristallisation sur les sels.

S'en tenir pour le moment à ces applications de l'in-

génieuse théorie des valences fractionnées est peut-être
ce qu'il y a de mieux à faire, et aller plus loin, c'est-à-
dire vouloir en étendre le cercle jusqu'à la constitution
de tous les corps, pourra paraître prématuré. Quoi
qu'il en soit, les efforts, les études spéculatives dirigés
dans ce sens, constituent des tentatives louables qui,
dans tous les cas, par les discussions qu'elles peuvent
soulever, sont de nature à provoquer, à exciter et à
faire progresser les recherches relatives à la loi générale
qui régit les combinaisons, loi qui est encore à trouver,
malgré les travaux très intéressants et fort instructifs
qui ont été faits dans cette voie.

VI

En terminant ce travail, nous signalerons, sans la
développer longuement, une idée qui nous paraît présen-
ter un certain intérêt ; nous voulons parler de l'application possible de la théorie du fractionnement de la valence à l'explication des phénomènes dont la cause est dési-
gnée sous le nom de *force de cohésion*. On en a dit un mot
déjà (v. p. 59 et 60) ; mais il convient d'y revenir ici.

Du moment que les combinaisons dites *moléculaires*
peuvent être regardées comme résultant de l'attraction
atomique, et cela grâce à la divisibilité de la valence,
n'est-il pas naturel de supposer que toutes les agréga-
tions de molécules, quelles qu'elles soient, même de
molécules semblables, sont dues à cette même
attraction atomique ? — Point n'est besoin dès lors
de faire intervenir une force particulière, la *cohésion*, pour expliquer la formation des corps solides. Les
molécules d'un même corps, simple ou composé, amor-
phe ou cristallisé, seraient liées entre elles et maintenues
juxtaposées par l'atomicité.

*

Voici un schéma qui montre comment peut s'effectuer la soudure des molécules d'un même corps, le perchlorate de potassium, par exemple :

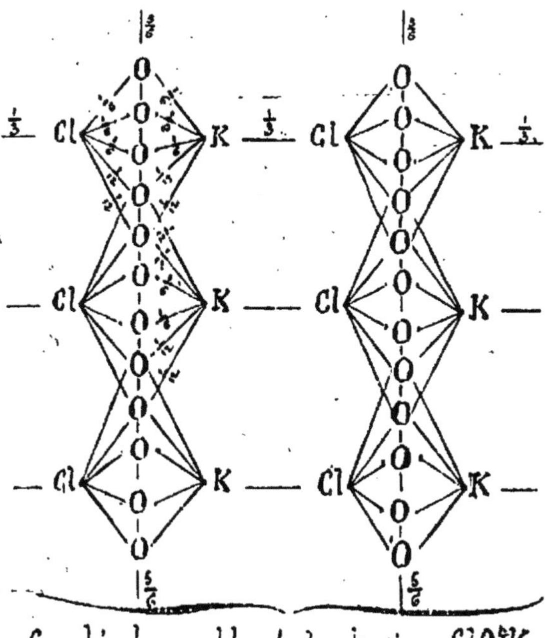

6 molécules perchlorate de potassium ClO^4K

On conçoit que ces six molécules de perchlorate de potassium puissent en admettre d'autres en nombre pour ainsi dire illimité, des fractions de valences pouvant surgir de chacun des atomes constitutifs, servant ainsi à river d'autres molécules qui viendront se juxtaposer ou se superposer aux premières. Il pourra en être de même des molécules de tous les corps, simples ou composés, qui pourront former de la sorte des agrégats plus ou moins volumineux, selon les circonstances, amorphes ou cristallisés.

C'est ainsi que l'on peut se rendre compte de cette *attraction moléculaire* dont parlent Kékulé (1) et d'autres chimistes, mais dont on ne pouvait concevoir facilement 'existence dans des molécules saturées ; tandis que le fractionnement de la valence, en fournit une explication de nature à donner une certaine satisfaction à l'esprit. Dans tous les cas, la théorie en question vient concourir à l'interprétation des phénomènes que l'on représente d'ordinaire comme manifestations de la force de *cohésion*, et comme jusqu'ici tout est obscur sur ce point, il nous semble qu'il y a là un trait de lumière dont on ne saurait négliger l'intervention.

VII

Dans les considérations qui viennent d'être développées, il y a des faits, mais il y a aussi des hypothèses ; la spéculation théorique y tient donc une large place. Personne n'en sera surpris, car par la nature même du sujet, on est réduit la plupart du temps à ne faire que des conjectures, du moins pour le moment. Notre esprit est ainsi fait que pour arriver à pénétrer l'essence des phénomènes, nous sommes conduits le plus souvent à imaginer tout d'abord des hypothèses, puis à en déduire rationnellement les conséquences théoriques, et enfin à rechercher ensuite si les résultats obtenus concordent avec ce que nos sens peuvent observer directement. Une étude aussi complète est rarement l'œuvre d'un seul homme ; des générations entières de savants concourent ordinairement à l'établissement du résultat final.

(1) Voir les *Théories modernes de la chimie*, de Lothar Meyer, p. 440 et suiv.

Hypothèses et théories peuvent donc être tenues en estime sans dommage pour la science, tant qu'elles ne procèdent point d'idées reconnues fausses et partant contraires aux lois fondamentales de la chimie. Le temps et l'expérience se chargeront soit de démontrer leur inanité, soit d'affirmer leur valeur réelle.

Elle n'est pas bien éloignée de nous l'époque où la doctrine atomique était vivement battue en brèche. L'hypothèse d'Avogadro, qui en est l'une des bases principales, fut longtemps discutée ; elle a aujourd'hui force de loi, et la théorie atomique est universellement adoptée.

La fameuse hypothèse de Kékulé sur la constitution du benzène s'est elle-même élevée au rang de théorie partielle. Par le nombre considérable de faits dont elle a suscité la découverte, elle s'est implantée solidement dans la science.

Il est notoire, d'après cela, que les interprétations théoriques auxquelles se lient nécessairement les questions de langage et de notation ne sont pas choses indifférentes en chimie ; elles ont, au contraire, une très grande importance. A ceux qui seraient tentés de le nier ou simplement de l'oublier, qu'il nous soit permis de rappeler ce passage intéressant d'une conférence faite à l'Association française pour l'avancement des sciences par Edouard Grimaux (1) : « Un matin, un chimiste était à sa table de travail, devant une grande feuille de papier ; il y traçait des figures bizarres ; d'abord un hexagone, puis aux angles de cet hexagone, il plaçait des lettres ou des groupes de lettres accompagnés de chiffres, AzR^2, OCH^3 ; on s'approche de lui : « Que faites-vous, lui dit-on ? — Je fais, répondit-il, une couleur qui teindra admirablement la soie et la

(1) Cette conférence a pour titre : *Les théories de la chimie organique et les progrès de l'industrie*. Elle a été publiée dans la *Revue scientifique*, n° du 31 mars 1894.

laine, qui, peut-être, aura peu de solidité à la lumière, mais qui possédera certainement un grand pouvoir colorant. »

Et répondant à un regard interrogateur, notre chimiste ajouta : « Nos théories nous permettent de prévoir, dans un grand nombre de cas, la formation et la propriété des corps que nous réalisons ensuite par les recherches du laboratoire. »

Deux jours après, il apportait des échantillons de laine et de soie teints en un bleu qui possédait les propriétés annoncées ; il dut alors expliquer à son interlocuteur comment les théories de la chimie organique permettent de prévoir les transformations de la matière, comment elles sont fécondes, non seulement dans le domaine de la science pure, mais encore dans le domaine de la science appliquée, quelle influence elles ont eue et elles ont chaque jour sur les progrès de l'industrie. »

Les hypothèses n'ont évidemment pas eu toutes l'heureux sort de celle d'Avogadro et d'Ampère, de celle de Kékulé. Mais nous ne craignons pas de dire que vraies ou fausses, fondées ou non, elles ont toujours quelque chose de bon ; l'histoire de la chimie est là pour le prouver.

Quand Stahl supposait que les corps en brûlant laissaient dégager un principe insaisissable, auquel il avait donné le nom de *phlogistique*, il commettait une grande erreur. Cependant, comme le fait remarquer Thénard, « cette hypothèse fait beaucoup d'honneur à son auteur, et l'on serait tenté de dire que cette grande erreur mérite d'être mise au rang des grandes découvertes, parce que d'une part, elle a servi de lien aux faits épars dont se composait alors la chimie, et qu'elle lui a donné le caractère d'une véritable science ; et parce que, de l'autre, si Stahl, au lieu de supposer que le phlogistique se dégageait des corps combustibles, avait supposé qu'il était absorbé par eux, le phlogistique n'aurait été autre chose que l'oxygène » (1).

En 1818, Berzélius, dans son *Essai sur la théorie des proportions chimiques,* avait formulé le principe suivant, d'ailleurs erroné, que: « *dans volumes égaux de gaz simples, mesurés dans les mêmes conditions de température et de pression, il y a le même nombre d'atomes* » Cette conception, cette interprétation particulière de la loi des volumes de Gay-Lussac, tout inexacte qu'elle fût, eut cependant un bon côté : elle excita les recherches des savants et conduisit à la notion des *gaz polyatomiques.* Et si le grand promoteur de la théorie atomique, au lieu de n'envisager que les atomes primordiaux, avait appliqué son hypothèse aux *atomes composés* (molécules), il eût été dans le vrai (2).

La conception des valences fractionnées n'est certes pas une hypothèse de l'envergure des précédentes ; elle mérite néanmoins d'attirer l'attention des chimistes qui, sans se laisser dominer uniquement par l'étude du fait brut, se préoccupent des questions plus générales et plus élevées touchant la constitution chimique des corps.

(1) Thénard. — *Traité de chimie*, T. I, p. 137.
(2) Dès 1811, Amédeo Avogadro, et trois ans plus tard, Ampère en 1814, avaient fait connaître leur hypothèse, qui porte plus généralement le nom du premier de ces savants. Berzélius ignora ou négligea cette opinion sur la constitution des gaz.

ADDITION

Page 54 : *A propos de la constitution du chlorure de baryum*

La molécule du baryum est peut-être monatomique, comme celle du mercure, et l'on pourra trouver extraordinaire que nous fassions figurer deux sous-atomes (ba' ba') dans la formule du chlorure $Ba''Cl^2$. Nous ferons remarquer qu'il n'est nullement démontré jusqu'ici que la molécule du baryum ne renferme qu'un seul atome, et qu'en outre, cet atome se comporte comme celui du mercure, c'est-à-dire comme une masse solide unique. Au surplus, malgré les réflexions graves que peut suggérer l'observation de Kundt et Warburg, nous ne nous sentons pas absolument convaincu de ce fait que la molécule ou atome de mercure ne puisse se partager en particules plus fines. D'ailleurs, nous ne sommes pas seul de cette opinion. « Pourquoi, dit Wurtz, cette molécule, qui pèse cent fois plus qu'une molécule d'hydrogène, serait-elle indivisible? Je ne le comprends pas ; je ne le prétends pas ; seulement j'admets que les forces physiques et chimiques ne peuvent pas la diviser davantage, parce que autrement elle cesserait d'être du mercure. Il n'en est pas moins vrai que cette proposition de l'indivisibilité des atomes ne s'impose pas à mon esprit (1) ».

D'après la remarquable expérience de Kundt et Warburg, il faut bien admettre que l'atome Hg semble n'être formé que d'une seule masse. Mais qui peut affirmer que cette petite masse ne serait pas décomposée par

(1) Wurtz — La théorie atomique, page 236.

des forces plus énergiques que celles dont nous dispo-
sons? D'une manière générale, la soudure des éléments
primordiaux (sous-atomes) des corps simples s'est effec-
tuée sans doute sous l'empire d'une force attractive infiniment plus puissante que celle qui préside à la formation des composés dédoublables. Est-il donc surprenant
que nous ne puissions pas revenir au point de départ,
dans les conditions habituelles de nos expériences? —
« Si nos corps simples n'ont pas été décomposés jusqu'ici,
dit M. Berthelot, et s'ils ne paraissent pas devoir l'être
par les forces qui sont aujourd'hui à la disposition des
chimistes et dont ils ont tant de fois épuisé l'action sur
les éléments actuels ; pourtant rien n'oblige à affirmer
que ces mêmes corps simples soient indécomposables,
suivant une autre manière que nos corps composés, par
exemple, par les forces agissant dans les espaces cé-
lestes, comme le veut M. Lockyer. Rien n'empêche non
plus de supposer qu'une découverte semblable à celle
du courant voltaïque permette aux chimistes de l'avenir
de franchir les barrières qui nous ont arrêtés (1) ».

(1) Essal de mécanique chimique fondée sur la thermochimie. t.I.
page 451.